管线钢微生物腐蚀
机理与防护技术

U0264216

鑫◎著

中国石化出版社

·北京·

内 容 提 要

本书结合理论分析和实验研究,以油气田管线钢微生物腐蚀为实际背景,分别开展了硫酸盐还原菌和硝酸盐还原菌对 X80 管线钢微生物腐蚀及应力腐蚀的研究;对微生物腐蚀的认识发展及行为机理进行了总结,详细研究了硫酸盐还原菌和硝酸盐还原菌通过代谢产物和胞外电子传递对 X80 管线钢的腐蚀行为,进一步开展了上述两类细菌与应力协同作用下对 X80 管线钢的应力腐蚀行为影响及动态机理研究;最后,针对化学杀菌剂和铜元素的抗菌特征,进行了微生物腐蚀防护方法的效果评价。

本书可供油气田腐蚀防护领域的科研工作者、工程技术人员及相关专业院校师生参考。

图书在版编目(CIP)数据

管线钢微生物腐蚀机理与防护技术/刘波,韦博鑫
著. --北京:中国石化出版社,2024.9. -- ISBN 978 -
7 - 5114 - 7686 - 9

Ⅰ. TE988. 2

中国国家版本馆 CIP 数据核字第 2024RW4760 号

中国石化出版社出版发行
地址:北京市东城区安定门外大街 58 号
邮编:100011 电话:(010)57512500
发行部电话:(010)57512575
http://www. sinopec-press. com
E-mail:press@ sinopec. com
北京艾普海德印刷有限公司印刷
全国各地新华书店经销
*
710 毫米×1000 毫米 16 开本 11.25 印张 165 千字
2024 年 9 月第 1 版 2024 年 9 月第 1 次印刷
定价:72.00 元

前　　言

　　微生物腐蚀是指由微生物及其代谢产物直接或间接地参与金属腐蚀化学和电化学过程，从而导致金属失效的一种腐蚀现象。在油气生产和运输环节，微生物腐蚀已成为油气田管道管理者和研发人员普遍关注并急需解决的技术难题。目前，国内外学者对微生物腐蚀的机理研究和防治方法已取得一定进展，并得出许多重要结论，但是鉴于微生物种类的多样性、腐蚀环境的差异性以及腐蚀过程的复杂性等特征，针对管线钢的微生物腐蚀缺乏系统深入的研究，因此有必要对其进行分析，为完善管线钢微生物腐蚀理论提供依据，进一步为管线钢长期安全运行和维护提供数据支撑。

　　本书以 X80 管线钢为研究对象，针对油气田环境中的硫酸盐还原菌和硝酸盐还原菌，利用形貌观察、电化学测试、拉伸试验及物相分析等手段分别探究了这两类细菌对 X80 钢腐蚀和应力腐蚀行为的影响和机制，并结合抗菌原理给出微生物腐蚀防治方法的效果评价。

　　本书共分为 9 章，其中第 1 章为微生物腐蚀概述，分别介绍了微生物腐蚀概念、认识与发展、行为与机理、研究方法和研究展望；第 2 章和第 3 章分别介绍了硫酸盐还原菌和硝酸盐还原菌对管线钢的微生物腐蚀行为和机理；第 4 章和第 5 章分别介绍了硫酸盐还原菌和硝酸盐还原菌对管线钢的应力腐蚀行为和机理；第 6 章和第 7 章分别对管线钢热影响区和管线钢的微生物应力腐蚀动态机理进行了分析；在上述基础上，第 8 章和第 9 章分别从化学杀菌剂和 Cu 元素抗菌特征角度评价了两类防止微生物腐蚀的方法措施。

　　本书的出版得到西安石油大学优秀学术著作出版基金、国家自然科学基金（52401111）、陕西省自然科学基础研究计划（2024JC – YBQN – 0457）、西安市科技计划项目（24QXFW0075）的资助。在作者研究过程中，得到北京科技大学杜翠薇教授和中国科学院金属研究所孙成教授的悉心指导与大力支持，部分实验得到国家自然科学基金（51871228 和 51871026）的资助，在此表示感谢！

　　由于作者水平有限，书中难免出现疏漏和表述不当之处，恳请读者批评指正。

目　　录

第1章 微生物腐蚀概述

1.1 微生物腐蚀概念

微生物腐蚀是指由微生物及其代谢产物直接或间接地影响金属腐蚀化学/电化学过程，其中微生物包括细菌、真菌、古菌和微藻等。微生物腐蚀和生物污损均会导致工业行业产生高昂的维修和防护费用。调查表明，全球在 2005 年腐蚀成本为 30 亿~70 亿美元，而在 2016 年该数值为 2.5 万亿~4.0 万亿美元，其中微生物腐蚀至少占这些费用的 20%。海洋环境中日益增多的各种设备，如水下管道、船体、漂浮在近海的生产设施，以及埋地油气管道、石化设施和核装备等均会受到微生物腐蚀的影响，且随着设备老化，微生物腐蚀所造成的经济支出将不断增加。图 1 - 1 所示为埋地管道在土壤中受到微生物腐蚀形貌。在过去的 25 年里，针对现场案例以及不同条件下实验或现场测试的微生物腐蚀相关文献已有 2000 多篇，因此基于工业环境中所面临的问题，微生物腐蚀研究也在不断开展。

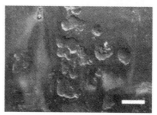

图 1 - 1 埋地管道在土壤中受到微生物腐蚀形貌

微生物腐蚀是由微生物、环境介质和金属三个因素共同作用的结果，由于涉及不同学科，增加了调查和研究的难度，而生物膜通常被认为是影响材料腐蚀的重要因素，如图1-2所示。生物膜是指细菌被自身产生的胞外分泌物所包围的聚合物，可形成一定边界，是细菌适应周围复杂环境的一种生存策略。在适宜的环境中，生物膜形成和恢复速度快，且生长的每个阶段都是动态和复杂的过程，因此会造成材料表面与环境界面处的物理化学性质被改变。在此过程中，微生物分泌的具有腐蚀性的代谢产物、生物膜分布的不均匀性以及一些电活性微生物过程都能够引发并加速金属材料的腐蚀。

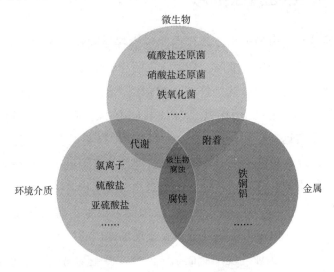

图1-2　微生物腐蚀形成因素

随着认识的不断深入，人们试图从金属腐蚀机理的角度来分析微生物的作用。一般腐蚀和微生物腐蚀都是以电化学反应为基础的，微生物在腐蚀中的作用常被认为是电化学催化剂，可以启动、加速金属腐蚀过程中的阳极或阴极反应。同时微生物腐蚀并非局限于单一的腐蚀类型，通常会形成点蚀、缝隙腐蚀、电偶腐蚀、沉积腐蚀，并加速应力腐蚀和氢脆等过程，因此严重影响各设备的服役性能和使用寿命。

1.2　微生物腐蚀认识与发展

自20世纪初报道了关于微生物活动对金属腐蚀的影响开始，微生物腐蚀的研究已经超过百年，其中细菌一直是微生物腐蚀研究的主要内容。从在含有硫酸盐的厌氧区发现硫酸盐还原菌（Sulfate-Reducing Bacteria，SRB）是腐蚀的主要原因后，人们对微生物腐蚀的研究历史几乎是围绕 SRB 展开的。1923 年，Stumper 认为 SRB 代谢后生成的硫化铁膜层与基体钢之间存在电偶腐蚀；1934 年，Von Wolzogen Kühr 和 Van der Vlugt 研究发现，具有硫酸盐还原性的 SRB 是管道发生腐蚀的诱因，并首次提出了 SRB 通过消耗一种氢化酶来维持生命活动，并以氢为唯一电子供体，由此形成了著名的"阴极氢去极化理论"；1940 年，Starkey 与 Wight 指出氧化-还原电位是检验发生微生物腐蚀与否的最可靠指标；1971 年，Miller 和 King 提出氢化酶与 FeS-Fe 耦合的混合效应；2003 年，Hang 等研究发现，SRB 直接与金属作用来获取电子；2012 年，Xu 和 Gu 等利用能量学的观点解释了 SRB 腐蚀的热力学问题。微生物腐蚀研究的主要时间节点如图 1-3 所示。

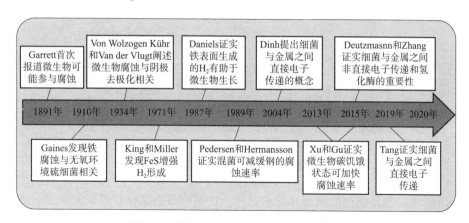

图 1-3 微生物腐蚀研究的主要时间节点

微生物腐蚀和非微生物腐蚀有着本质区别，这主要是因为微生物细胞和生态系统始终依赖于外部能量的摄取，在设计微生物腐蚀实验和解释结果时，需要充分考虑群落结构、代谢状态或酶促反应是个不断变化的过程。因此在反应过程中任何时候都很难实现热力学平衡状态，也没有时间和空间上单一的"反应速率"来描述结果，但对于影响细菌代谢的环境因素（如温度、含氧量、碳源等）是可以得出显著的变化结果的。同时，各种高端精准化的检测技术在微生物腐蚀领域得到不断发展和广泛应用，以期从微观的角度解释微生物腐蚀机理。

1.3 微生物腐蚀行为与机理

1.3.1 生物膜的形成与影响

自 1978 年首次建立"生物膜"的概念后，对生物膜的研究已经作为微生物学领域不可或缺的部分。目前在金属表面生物膜的形成研究通常涉及一个或多个阶段：①细菌可逆性附着；②细菌不可逆性附着；③细菌增殖和生物膜生长；④生物膜成熟和扩散。以上各个阶段大多数在界面上随机发生，并逐渐形成生物膜的特征，如图 1-4 所示。

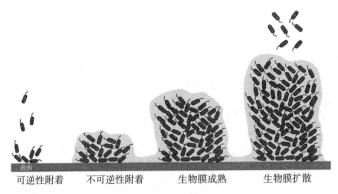

可逆性附着　　不可逆性附着　　生物膜成熟　　生物膜扩散

图 1-4　生物膜形成过程

阶段①~②是细菌的附着和黏附过程，细菌因素、基体特性和环境条件都是影响表面的相互作用，如疏水性、静电和范德华力等控制早期的附着。随后，表面的物理和化学特性决定了各界面的相互作用，从而促进黏附。在海洋或土壤环境中由于含有有机和无机化合物，因此为细菌初期和长期地附着繁殖提供了有利的场所。Chepkwony 等认为细菌的附着与其分泌的极性黏附素密切相关，海洋菌株黏附强度高于淡水菌株。通过在实验室环境中探究不锈钢表面革兰氏阳性菌和革兰氏阴性菌的黏附力发现，革兰氏阴性菌的黏附力明显强于革兰氏阳性菌。微生物特征(包括黏附素表达和细胞膜组织)，以及金属特性(如材料组成、表面微结构和电荷)都是影响细菌的附着和黏附的因素。尽管这些因素可以决定生物膜形成的结果，但对细菌与金属的早期相互作用仍然知之甚少。

阶段③是细菌在金属表面吸附、黏附后，开始繁殖和吸引其他细菌加入并形成完整的生物膜,此时胞外聚合物(Extracellular Polymeric Substance,EPS)的产生为细菌之间的交流提供环境。EPS 主要由蛋白质、eDNA、多糖及其他有机和无机分子组成,可为种群的生存和发展提供保护。

阶段④是细菌的扩散,这可以被认为是成熟生物膜的标志特征,细胞从母细胞结构中分离出来,并通过自我调节定植新的位置。细菌的扩散甚至成为对环境压力的一种积极反应,当现有环境变得不适宜生存时,细菌种群能够在新环境中继续生存。

生物膜对金属材料的腐蚀影响主要是通过化学机制或电化学机制。化学机制主要是生物膜的代谢活动,例如在生物膜和金属界面产生有机酸,从而加速腐蚀的发生。电化学机制是指微生物从金属中获取电子从而产生腐蚀,该种机制被认为是微生物影响腐蚀的主要机制。因此微生物对金属的腐蚀影响机理也有较多的分类。

1.3.2　微生物腐蚀机理

微生物加快了金属的腐蚀速率,但关于微生物如何与钢表面相互作用的细节还未完全了解,这是因为自然系统中存在大量的自变量,如不同的能量来源、竞争反应及微生物代谢途径的改变,因此对于微生物腐蚀机理的研究也有较多的分类。

(1)阴极去极化理论

在没有微生物作用的情况下,金属表面的原子失去电子,形成腐蚀电池的阳极区域,发生阳极反应[式(1-1)]。失去的电子经离子传导后在无氧区域经水解后的氢离子捕获,形成腐蚀电池的阴极区域,发生阴极反应[式(1-2)]。氢在金属表面可以形成"氢膜",最终阻碍金属的溶解反应,这种阻碍通常被称为"阴极极化"。金属腐蚀是个能量释放的反应过程,而微生物是通过从外界获取能量来维持其新陈代谢的。研究发现,SRB 利用体内的氢化酶把 SO_4^{2-} 还原成 H_2S 的同时,将金属表面电化学意义的阴极生成的氢除去[式(1-3)],促使阴极反应正向移动,导致阴极去极化反应,从而促进了阳极金属溶解反应的加速,提高了金属的腐蚀速度。SRB 在腐蚀中起到阴极去极化剂的作用,阴极处的氢协助 SRB 的还原过程,从而加速金属的腐蚀[式(1-4)]。

$$4Fe \longrightarrow 4Fe^{2+} + 8e^- \tag{1-1}$$

$$8H_2O \longrightarrow 8H^+ + 8OH^- \tag{1-2}$$

$$SO_4^{2-} + 9H^+ + 8e^- \longrightarrow HS^- + 4H_2O \tag{1-3}$$

$$4Fe + SO_4^{2-} + 4H_2O \longrightarrow 3Fe(OH)_2 + FeS + 2OH^- \tag{1-4}$$

阴极去极化理论是 SRB 最为经典的腐蚀机理(图 1-5),得到了众多学者的支持。Booth 等利用能分泌氢化酶特征的 SRB 对碳钢表面进行研究,SRB 可利用极化所产生的氢还原底物并对钢产生腐蚀。Keresztes 等发现,黏附在金属材料表面的 SRB 在有可溶性介质分子存在的情况下极易发生阴极反应,生物膜中的混合硫化物通过配体络合物的反应导致表层的转变,这种类型的膜修饰增强了腐蚀产物层的反应性,加速氧化还原反应,直接消耗金属表面的阴极氢。还有学者认为,氢化酶主要催化水还原为氢,或 NAD$^+$ 还原为 NADH,虽然二者过程产生的电流很低,但在不锈钢表面氢化酶的存在引起了氢化酶催化的阴极反应,在微生物腐蚀中必须考虑,该理论长期被用于解释 SRB 引起的微生物腐蚀。

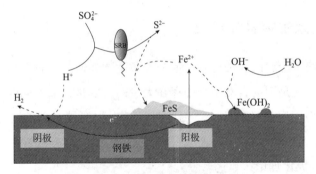

图 1-5 SRB 阴极去极化理论示意

(2)生物阴极催化硫酸盐还原理论

从生物能量学角度看,SRB 等厌氧细菌需要通过电子供体来获得其生命活动所需的能量,这种能量称为维持能量。硫酸盐的还原不仅消耗能量,还需要电子供体来提供电子,对于 SRB,其之所以能够还原硫酸盐,不仅依赖还原酶的作用,还需要环境中的物质提供电子供体。Gu 首先提出了生物阴极催化硫酸盐还原理论,并指出阴极去极化是生物阴极催化硫酸盐还原的一种特殊情况,如图 1-6 所示。在正常有机物充足的环境中,SRB 可优先利用环境中碳氮化合物在细胞内部发生能量交换和电子传递[式(1-5)和式(1-6)],总反应为式(1-7),得到的 ΔG_0 为 -164kJ/mol;当环境中的碳源不足以维持细菌的代谢或者提供所需的电子时,SRB 只能利用金属材料获得电子和能量进行代谢,此时发生的反应为式(1-8)和式(1-9)，总反应为式(1-10)，得到的 ΔG_0 为 $-178kJ/mol$。对比可得，式(1-10)可以提供更多的能量，因而在热力学上占有更大的优势。SRB 的代谢活动既可在营养物质充足时进行，又可在碳饥饿的情况下利用金属铁作为能量的来源，以此维持自身的能量需求。

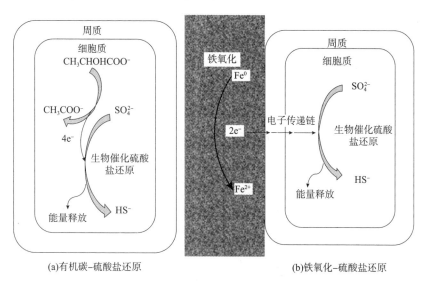

(a)有机碳-硫酸盐还原　　　　　　　　　(b)铁氧化-硫酸盐还原

图 1-6　SRB 呼吸代谢示意图

$$CH_3CHOHCOO^- + H_2O \longrightarrow CH_3COO^- + CO_2 + 4H^+ + 4e^- \qquad (1-5)$$

$$SO_4^{2-} + 9H^+ + 8e^- \longrightarrow HS^- + 4H_2O \qquad (1-6)$$

$$2CH_3CHOHCOO^- + SO_4^{2-} + H^+ \longrightarrow 2CH_3COO^- + 2CO_2 + HS^- + 2H_2O$$

$$\qquad (1-7)$$

反应吉布斯自由能 $\Delta G_0 = -nF(E_b - E_a) = -nF(-217+430) = -164kJ/mol$

$$4Fe \longrightarrow 4Fe^{2+} + 8e^- \qquad (1-8)$$

$$SO_4^{2-} + 9H^+ + 8e^- \longrightarrow HS^- + 4H_2O \qquad (1-9)$$

$$4Fe + SO_4^{2-} + 9H^+ \longrightarrow 4Fe^{2+} + HS^- + 4H_2O \qquad (1-10)$$

反应吉布斯自由能 $\Delta G_0 = -nF(E_b - E_a) = -nF(-217+447) = -178kJ/mol$

式中，E_0 为温度25℃，pH=7，离子浓度为1mol，气体分压为0.1MPa时相对于标准氢电极电位；n 为反应转移电子数；F 为法拉第常数，$F \approx 96485C/mol$。

细菌在附着后形成的生物膜会对内部细菌的能量来源产生阻碍影响，这样就会导致生物膜表面的细菌可以源源不断地获得环境中的碳源，而在靠近生物膜底部，即与金属接触附近的细菌处在碳饥饿的环境中，因此将 Fe 作为电子供体，以产生维持所需的代谢能量。研究表明，尽管饥饿降低了固着细胞的数量，但碳饥饿加速了 C1018 碳钢的腐蚀，与高碳培养基中的 SRB 生物膜相比，低碳培养基中 SRB 固着细胞被报道从金属铁中获得电子，导致严重腐蚀。Jia 等也证实了具有硝酸盐还原性的铜绿假单胞菌，在有机碳缺乏的情况下相比碳源充足的情况腐蚀程度更为严重。因此，金属材料是否容易被微生物腐蚀取决于它能否被用作微生物代谢的电子供体。与生物阴极催化硫酸盐还原理论类似，生物阴极催化硝酸盐还原可以用来解释硝酸盐还原菌(Nitrate Reducing Bacteria，NRB)的微生物腐蚀，如图 1 - 7 所示。硝酸盐的还原反应为：

$$NO_3^- + 8e^- + 10H^+ \longrightarrow NH_4^+ + 3H_2O \tag{1-11}$$

$$2NO_3^- + 10e^- + 12H^+ \longrightarrow N_2 + 6H_2O \tag{1-12}$$

反应吉布斯自由能 $\Delta G_0 = -nF(E_b - E_a) = -nF(358 + 577) = -621\text{kJ/mol}$，负的 ΔG_0 值表明氧化还原反应在 25℃、pH = 7、1mol 溶质(或 1bar 气压)条件下具有良好的热力学条件。因此，NRB 在处于饥饿胁迫的状态下，Fe 作为 NRB 的唯一电子来源，使得微生物腐蚀更加严重。

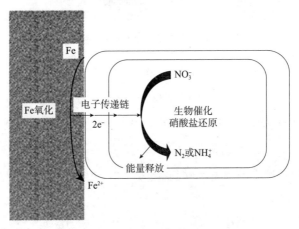

图 1 - 7　NRB 利用细胞外电子还原硝酸盐示意

(3)浓差电池机理

所有微生物组成，如 EPS、荚膜、细胞壁都可以吸附在金属表面，因此细菌附着在金属表面从而形成原电池是造成微生物腐蚀的重要原因之一。除 EPS 外，细菌的细胞壁具有较大的表面积体积比和较高的表面电荷密度，因此可有效沉淀和吸附多种溶解金属离子。靠近金属基体的生物膜中富金属相的形成可诱导基体与生物膜之间形成原电池，同时富含金属的生物膜相也增加了生物膜的导电率。

因此金属表面形成大量沉积的生物膜,并在土壤中形成相对较大外壳的细胞群,图1-8所示为微生物细胞柄上广泛的铁结壳,这可导致钢表面原电池的形成。King 等研究表明,FeS 具有腐蚀性,且与环境中 S 含量密切相关,SRB 可代谢产生 S^{2-} 与 Fe 作用生成 FeS,在腐蚀过程中产生阴极去极化作用,从而加速腐蚀进程。需氧型细菌在海洋环境中大量存在,这些细菌附着在金属表面形成的生物膜呈斑片状分布,在生物膜底层,由于生物膜对氧

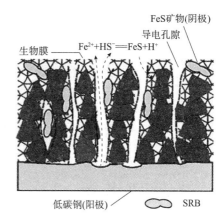

图1-8 铁氧化菌表面铁结壳的
形貌和元素分布

气的阻碍作用,生物膜覆盖下的金属区域相对于未覆盖区域处于缺氧状态,因此该区域在电位上会成为阳极区,从而形成氧浓差电池导致局部腐蚀。Stewart 研究发现,当金属表面有污垢或腐蚀产物附着时,该区域的氧浓度下降,会形成氧浓差电池。当腐蚀产物进一步堆积,在生物膜/腐蚀产物底部就会形成厌氧环境,不仅利于 SRB 的生长导致去极化作用和硫化物腐蚀,同时也可形成氧浓差电池,进一步促进腐蚀进程。

(4)腐蚀性代谢产物机理

EPS 以及生物膜分泌的其他代谢产物可以改变局部 pH 值,随着 pH 值降低,溶液中 Fe 离子的增加,表明微生物分泌的酸是导致金属发生腐蚀的重要因素。即使在好氧环境中,当呼吸作用或有机物降解产生的 CO_2 与水结合形成碳酸时,生物膜内部也会由于低氧利用率而酸化。此外,微生物可以产生广泛的有机酸代谢物获得必要的营养,这些酸包括草酸、柠檬酸、琥珀酸等。研究表明,有机酸可使金属矿物溶解速率加快 2~4 倍。Barker 等对海洋环境中已腐蚀金属表面的生物膜 pH 检测发现,生物膜外的 pH 值接近中性,而在生物膜内的 pH 值却下降至 3~4,同时在生物膜外并未检测到 pH 值的梯度变化,表明微生物产生的有机酸改变了金属表面局部的环境。Qu 等研究表明,枯草芽孢杆菌通过产生有机酸加速了冷轧钢板的腐蚀,如图1-9所示。醋酸杆菌在需氧代谢过程中将乙醇氧化为醋酸,可以加速铁和铜合金的点蚀,这主要是由于醋酸杆菌可以在水溶液中产生蒸气态的醋酸。对于一些真菌以及藻类也有大量的研究表明,其自身分泌的有机酸对金属等文物古迹产生腐蚀影响。事实上,任何能够破坏金属表面矿物

钝化层的微生物都能引起腐蚀，生物膜对钝化膜的损伤是当前微生物腐蚀研究中一个非常重要的课题。

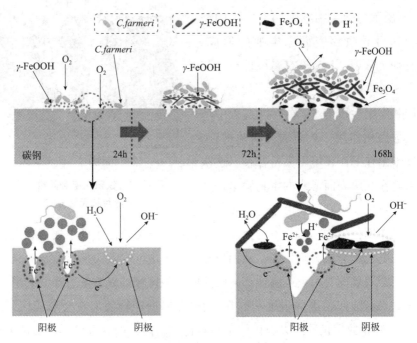

图1-9 产酸菌在碳钢表面形成缝隙腐蚀的机理

(5)胞外电子传递机理

发生胞外电子传递(Extracellular Electron Transfer, EET)的原因是氧化和还原过程并不在同一处发生，而是需要经过细胞内外之间的电子传递才能实现。生物阴极催化硫酸盐还原理论认为，铁的氧化和硫酸盐的还原分别发生在细胞内外，因此氧化释放的电子需要经细胞内外传递后才能实现内部的还原反应。而如果是利用有机碳来获取电子，有机碳可溶入细胞质中，因此释放的电子不需要穿过SRB细胞壁。基于这一电子传递机制的不同情况，EET的概念被Xu等在2016年引入涉及SRB和NRB的微生物腐蚀研究中，用来解释腐蚀过程中电子传递途径和方式的改变，如图1-10所示。EET有三种主要方式：直接接触、导电菌毛和电子介质。前两种方式称为直接电子转移(Direct Electron Transfer, DET)，第三种称为介导电子转移(Mediated Electron Transfer, MET)；在DET中，微生物需与金属直接接触，或者通过导电鞭毛来发生电子传递，而在MET中，主要是通过环境中或者自身分泌的氧化还原介质间接传递电子。研究发现，在无有机碳源的培养基中，SRB 形成了菌毛附着在铁表面以获取电子，如果 SRB 在培养基中生长在有机碳充足的环境中，则没有这些菌毛。Xu 等研究发现，SRB 可通过菌丝进行电子传递，且电子传递速率在加入核黄素等物质后加快，因而使得腐蚀更为严重。同样，随着核黄素等加快电子传递的物质加入，NRB 也变得更具攻击性，引起更严重的微生物腐蚀。

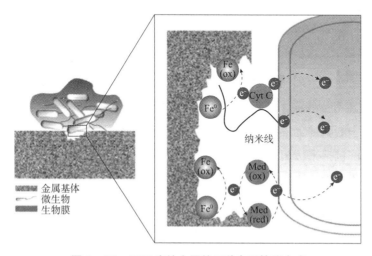

图 1-10　SRB 腐蚀金属的三种电子转移方式

　　总之，微生物腐蚀的研究是腐蚀领域最复杂的分支之一，因为涉及微生物学、电化学、材料科学和表面化学等多门学科。随着生物科学技术的发展，人们对于微生物腐蚀的认知也逐渐从单一的 SRB 向其他细菌、真菌、古菌等微生物扩展。至此，微生物腐蚀研究朝着更微观的角度发展，特别是在电子传递方面已有较完整的理论认识。

1.4　微生物腐蚀研究方法

1.4.1　传统微生物腐蚀研究方法

　　微生物腐蚀是个非常复杂的化学和电化学过程，这其中涉及微生物学、材料界面、化学/电化学等多个领域，因此对于微生物腐蚀的研究也需要多种方法和手段，在传统技术方面主要有微生物培养技术、电化学测试技术和表面成分分析技术等。

(1)微生物培养技术

微生物腐蚀通常是从微生物附着开始的，因此，搞清附着在材料表面的微生物种类、数量以及状态一直是人们研究的重点。为了解决这一问题，人们将微生物学中的一些研究手段引入微生物腐蚀的研究中。在有大量微生物存在的培养基中可以进行各种腐蚀实验，通常实验是在不流动的培养基中进行的，但应当注意实验过程中时间和条件的控制，以防止培养基中微生物种类和数量在实验期间发生变化，此外在配制培养液时需考虑培养基组成与微生物实际的生存环境相似。培养法可以提供大量实验所用的微生物，如果需要对微生物进行种属鉴定，则还需要进行一系列的生理和生化实验，如 DNA 定量聚合酶链式反应、凝胶电泳和 DNA 序列测定等生物技术。培养法不仅能够培养出含有大量微生物的介质以研究材料在其中的腐蚀，还能对介质中微生物的数量进行计数。微生物腐蚀中最常用的计数方法包括平板菌落计数法和最大可能数法。此外还可以结合直接检测技术获得材料表面微生物膜中微生物数量和种类的信息，结合现代显微镜技术能观察到其在微生物膜中的分布。直接检测技术包括对微生物膜中 ATP 含量的测定、使用荧光标记的核酸探针对微生物膜中的微生物进行种类鉴定和数量计数及酶实验方法等。

(2)电化学测试技术

从本质上讲，微生物腐蚀也是一个电化学过程。微生物膜内微生物的新陈代谢活动使得微生物膜与金属基体之间的环境与本体溶液环境不同，从而可能产生以下作用：影响电化学腐蚀的阴阳极反应、改变腐蚀反应的类型、微生物新陈代谢过程产生的侵蚀性物质改变了金属表面膜电阻、形成了生物膜内的腐蚀环境、由微生物生长和繁殖所建立的屏障层导致金属表面产生浓差电池，因此可用电化学方法来研究微生物腐蚀过程及其腐蚀机制。相对于其他方法，电化学测量方法能够迅速、有效地测量金属的瞬时腐蚀速度。常见的电化学测试技术主要有：线性极化电阻(Linear Polarization Resistance，LPR)、动电位极化技术、交流阻抗技术(Electrochemical Impedance Spectroscopy，EIS)和电化学噪声等。

LPR 是对极化电阻技术的简化，一般认为在腐蚀电位附近的电位和电流是线性关系，通过拟合这段曲线的斜率可以得到腐蚀电流的大小。需要注意的是，极化电阻的测量得到的是均匀腐蚀的速率，对局部生物膜和局部腐蚀只能提供一种趋势。极化曲线的运用常常以动电位扫描的方式完成，通过极化曲线形状和相关参数的变化来确定微生物对材料腐蚀的影响。从极化曲线的形状可以判断腐蚀反应的类型：活化极化、扩散控制、钝化、过钝化、阴极过程、阳极过程、点蚀的发生、腐蚀速度及缓蚀作用等。EIS 是一种频率域的测量方法，应用频率范围较广，因而可以从中获得更多的电极界面结构信息和动力学信息，根据这些信息，人们可以考察微生物腐蚀、成长、成膜及后续的腐蚀过程。电化学噪声在测试过程中不需要对研究体系施加外界扰动（如外加电压），因此被认为是一种原位、无损且无干扰的电化学测量方法，非常适合表征细菌微生物腐蚀行为。

（3）表面成分分析技术

微生物腐蚀是一个界面过程，海洋材料与附着微生物之间会形成半生命、半活性的复合界面，这个复合界面处的物理和化学环境将决定微生物腐蚀动力学，因此研究微生物腐蚀必须考虑材料界面与微生物之间的相互作用和影响。激光共聚焦显微镜和扫描电子显微镜常用于微生物生物膜及其组成的 3D 结构观察。随着聚焦离子束刻蚀（Focused Ion Beam，FIB）技术的发展，人们有机会对生物膜与金属之间的界面进行更加细致的观测，这对于理解微生物腐蚀的微观作用机制具有重要意义。Lu 等通过 FIB 发现真菌菌丝可以穿过涂层表面破损位置到达金属基质，并建立离子扩散通道。Li 等则通过 FIB 观察了 SRB 与碳钢基底之间的点蚀形成，发现基底发生点蚀的位置主要集中在生物膜底部，在生物膜外侧则以均匀腐蚀为主。

1.4.2 新型微生物腐蚀研究方法

（1）基因编辑技术

基因编辑技术是指对生物基因组序列进行修饰，以实现基因插入、缺失、替换和定点突变等分子操作的专业方法。随着技术的迭代发展，早前依赖于随机同源重组的基因编辑已经可以在基因组上任何位点实现，且编辑效率更高，编辑方法更为简单精确。

目前，基因编辑技术常用于环境微生物功能改造。在污染水源和土壤的修复中，很多学者尝试采用基因编辑技术对环境微生物进行基因改造，改造后的微生物一方面可以加大对有机毒物、重金属和放射性核素等污染源的转化，另一方面对环境的污染影响也很大程度地降低了。此外，基因编辑技术在化合物合成、微生物发酵等领域同样有着很好的应用前景。Liu 等通过敲除负调控基因的方法提高了绿针假单胞菌 GP72 中 2 - OH - PHZ 的产量，为吩嗪类化合物的工业化生产提供了新的思路。

近年，部分学者开始将基因敲除技术引入电活性细菌的电子传递通路研究中，尝试从分子生物学角度研究微生物与胞外电极之间的电子传递过程，为微生物腐蚀研究提供了新的角度。Huang 等通过敲除 *P. aeruginosa* 的 PCN 合成基因 phzH，*P. aeruginosa* 与 2205 不锈钢之间的电子传递被抑制，导致其对不锈钢的腐蚀减弱（图 1-11）。Saunders 等则通过控制吩嗪类化合物合成的上游基因，发现 *P. aeruginosa* 分泌的三种不同类型的吩嗪类化合物在生物膜中的作用与滞留程度区别较大，PCN 和 PYO 在生物膜中相对富集，这对电子传递效率的提升有重要作用。Tang 等通过敲除利用氢化酶和甲酸脱氢酶的相关基因，构建了一株无法利用 H_2 和甲酸为电子供体的 *G. sulfurreducens*，以此确定了 *G. sulfurreducens* 可以直接从纯铁表面获取电子造成腐蚀。

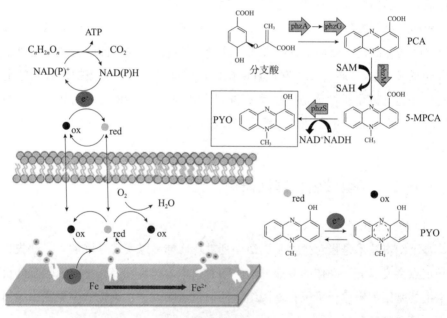

图 1-11　*P. aeruginosa* 合成 phenazines 所需基因和 MIC 中可能的 EET 途径

目前对微生物与金属间的电子传递具体路径尚缺乏深入的认识。基因编辑技术可以从分子生物学层面提供新的研究角度，结合其他腐蚀测试方法，非常有希望成为破解微生物腐蚀机制的新思路。

（2）扫描电化学显微镜

扫描电化学显微镜（Scanning Electrochemical Microscopy，SECM）是一种分辨

率介于普通光学显微镜与扫描隧道显微镜之间的电化学现场检测新技术，它通过超微电极(探针)靠近基底或在靠近基底的区域内移动时产生的电流信号来研究基底的电化学性质及形貌。由于其具有极高的空间分辨率、操作简单、测试样品更接近实际应用情况等特点，可以用于研究探针与基底(基底可以是金属、修饰膜界面、半导体、导电聚合物膜、含有氧化还原物质的溶液以及固定化酶等)上的异相反应动力学过程和探针与基底之间本体溶液的均相反应动力学过程；可以通过探针接收到的基底反馈电流信号来绘制基底的表面形貌，区分其电化学不均匀性；可以通过在探针上施加电流，在基底进行微区加工以及电沉积，或者研究腐蚀中的表面反应过程；还可用于光合作用过程、酶稳定性、生物大分子的电化学反应特性等复杂生化过程的研究。

SECM 可以用来观察细菌在不同基底上的形成和变化过程。这种持续观察能力是很多传统电化学方法无法做到的。Zhang 等使用 SECM 观察了希瓦氏菌在碳电极上随时间的演化过程，结果表明：随着生物膜在碳电极表面逐渐生长和成熟，探针逼近生物膜上方的正反馈效应逐渐减弱。同时，反馈电流也随时间逐渐降低。决定电流大小的主要因素包括以下两点：基底表面的电化学活性和生物膜的屏蔽效应。研究表明，SECM 技术可以准确地反映生物膜的厚度和导电活性。

SECM 在细菌群体响应研究中的成功对了解生物膜的内部世界有着重要意义，而这也启发了我们将 SECM 应用到微生物腐蚀的研究中。传统的电化学方法仅能表征样品表面的宏观信息变化。而由于生物膜的不均匀性，微生物腐蚀结果往往是局部腐蚀。此外，对于传统的三电极电化学系统，工作电极不仅用于固定细菌，还用于记录电化学信号，没有独立记录动态电极过程的探针电极。这导致传统的电化学方法难以测定特定化学物质对微观界面的影响，如代谢产物、化学信号分子和电子载体等。考虑生物膜的复杂性，更为先进的表征方法可能需要靠近甚至穿透生物膜，在保持无损的条件下观察生物膜下方的化学反应过程。SECM 可以准确定位在生物膜上方，可以捕捉到生物膜附近的局部电化学变化，在建立化学物质与金属表面电化学腐蚀过程之间的关系方面具有重要的潜力。在 SECM 探针上施加不同的电位，可以观察到生物膜上方特定化学物质的氧化/还原状态，这将有助于解释生物膜与金属基体间的相互作用(图 1 - 12)。

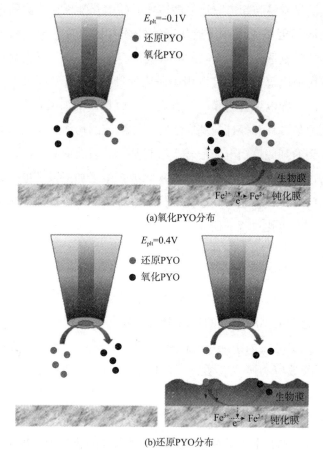

(a)氧化PYO分布

(b)还原PYO分布

图1-12 微生物腐蚀 SECM 测量示意

（3）聚焦离子束技术

众所周知，微生物腐蚀与微生物膜的结构和性质关系密切。微生物首先附着在金属表面，并分泌代谢产物从而形成微生物膜，最终诱发腐蚀。因此，微生物膜的结构、组成及成膜过程都会对金属腐蚀反应热力学与动力学产生影响。同时，细菌在生物膜中的分布和界面处的物质信息也是了解微生物过程的关键。长期以来，由于微生物活动的复杂性以及缺乏微生物膜与金属界面之间交互作用的深刻认识，限制了微生物腐蚀机理的认知和理解。随着纳米技术的发展，纳米尺度制造业发展迅速，通过 FIB 技术对样品进行纳米尺度加工已实现暴露后亚表面特征的无损成像，为深入研究微生物腐蚀机制提供了更精确的微观分析方法，并有助于更好地理解细菌/金属界面的相互作用。在传统的截面样品制备中，通常采用金相砂纸打磨截面，该方法很容易对细菌细胞造成破坏。而 FIB 可以在保持样品完整形态的同时，利用高强度聚焦离子束对材料进行纳米加工，配合扫描/透射电子显微镜（Scanning Electron Microscope/Transmission Electron Microscope，SEM/TEM）等高倍数电子显微镜观察微生物膜的结构和分布情况，这也为科研人员从纳米尺度理解微生物腐蚀机理提供了有效的工具。Li 等利用 FIB － SEM 研究了细菌细胞和腐蚀产物层的形态，以及生物膜和腐蚀产物中细菌的分布和材料特性，发现腐蚀产物和生物膜下的样品表面覆盖着完整的 FeS 层。他们还分析了细菌在生物膜中的分布和微生物腐蚀点蚀的纵向元素分布，并提出了细菌分布、生物膜和产物离子选择性的点蚀机理，同时认为 SRB 生理活动产生的 H^+ 在生物膜下的累积是导致点蚀发生的主要原因。FIB 技术为深入理解微生物引起的点蚀机理研究提供了强有力的证据。Li 等也结合 FIB 技术和 SEM/TEM 对地衣芽孢杆菌细胞/X80 钢的界面情况进行了分析，并且通过 FIB － TEM 表征揭示了细胞的超微结构（图 1 － 13）。FIB 结合其他微观分析技术必将成为今后微生物腐蚀研究中不可或缺的一种表征手段。

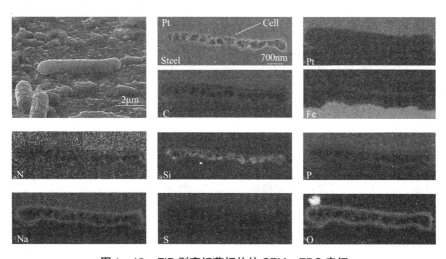

图 1 － 13 FIB 剥离细菌切片的 SEM － EDS 表征

1.5 微生物腐蚀研究展望

随着我国基础设施建设和能源消费的日益增长，埋地管线钢的微生物腐蚀逐渐受到人们的重视。尽管研究人员对微生物腐蚀现象进行了大量的研究，但对于各影响因素与微生物腐蚀过程的相关性，以及主导微生物腐蚀过程的腐蚀机理等仍然存在争议。随着材料科学、微生物学、电化学和表面分析技术的进步和发展，更先进和精确的研究手段为科研人员更好地理解微生物腐蚀的动态过程，以及这些过程如何影响腐蚀电化学反应的机理提供了可能性。目前主要存在的问题：

（1）自然界中，单一的微生物菌落群很难存在，往往是多种微生物通过生理相互作用共同存在于生物膜内。微生物群落通过释放多种信号分子得以相互"沟通"，形成合作或竞争群体，共同对金属材料腐蚀产生影响。因此，实际情况下通常是多种机制以不同的方式在腐蚀过程中共同发生作用。揭示混合菌种间的相互作用机理、生物多样性的变化规律、单一菌种与多菌种间对腐蚀的影响过程和区别，将是今后深入研究微生物腐蚀机理的方向。

（2）微生物腐蚀是动态的过程，腐蚀规律与微生物的生理代谢活动密切相关，且微生物腐蚀通常与其他腐蚀类型协同发生，因此如何持续监测微生物腐蚀过程，并全周期分析微生物腐蚀的变化规律，是准确预测和解决微生物腐蚀的重要内容。

（3）微生物腐蚀微观作用机制是厘清微生物腐蚀的关键。金属与生物膜和溶液界面的化学、电化学以及生物过程的动力学，均与界面的纳米尺度结构相关。因此，对微生物腐蚀测试的新趋势应集中在纳米尺度的生物电化学通量的测量上。

（4）微生物腐蚀研究方法仍面临巨大的挑战，需要新的研究方法和测试手段以配合深入研究。在未来，结合基因技术、分子生物学、光谱电化学及微区腐蚀观察等原位技术，从多角度研究微生物的呼吸代谢、电子传递途径和金属界面反应机制等。此外，机器学习、深度学习和仿真等现代计算技术为微生物腐蚀过程的诊断和建模提供了选择，基于计算机仿真模型的发展为实验室研究和实践中理解和控制微生物腐蚀提供有力的方法。

第 2 章　管线钢硫酸盐还原菌腐蚀规律研究

2.1　引言

SRB 作为一种厌氧微生物，广泛存在于土壤、海水、河水、地下管道以及油气井等缺氧环境中，它能利用金属表面的有机物作为碳源，并利用细菌生物膜内产生的氢，将硫酸盐还原成硫化氢。大量现场分析和实验室研究表明，SRB 是诱发和加速管线钢腐蚀的典型细菌，也是对管线钢腐蚀影响最大、被研究最多的一种腐蚀性细菌。据统计，油井腐蚀中 75% 以上的腐蚀是由 SRB 引起的，Li 等对韩国天然气公司的一条 X65 钢埋地管道进行现场调查，发现管道发生严重局部腐蚀，对管道表面覆盖的黑色腐蚀产物滴入盐酸后散发出臭鸡蛋气味，通过实验室分析后发现腐蚀产物中存在 FeS。此外，在腐蚀产物中和管道附近土壤中都检测到了大量 SRB，因此事故认定腐蚀是由 SRB 引起的。近年来，我国也报道了大量由 SRB 导致管线腐蚀失效的案例，许多调查结果认为微量游离水或积水聚集在管道起伏低洼处，为 SRB 大量繁殖提供了有利环境，最终导致管线发生微生物腐蚀失效。

管线钢土壤环境腐蚀常常发生在剥离涂层下。一旦涂层发生剥离，地下水、Cl⁻ 等腐蚀性介质从涂层缺陷处渗入剥离区形成封闭薄液层环境。该环境与本体土壤环境不同，具有诸多特异性，如环境组分差异、电位梯度及离子和腐蚀产物等物质浓差梯度等。大量现场观察及实验室研究显示，土壤环境中的 SRB 参与并加速了剥离涂层下管线的腐蚀过程；同时，剥离涂层下闭塞微环境为微生物提供了理想厌氧生理活动条件。

SRB 已被视为威胁埋地管道安全运行的影响因素之一，国内外研究人员对 SRB 腐蚀机理进行了大量研究，形成结论包括阴极去极化理论、代谢产物理论以及胞外电子传递理论，特别是阴极去极化理论和代谢产物理论认为对金属的腐蚀影响最为显著。SRB 可以通过分泌氢化酶消耗阴极表面的吸附 H，同时将 SO_4^{2-} 还原，降低了阴极反应的活化能，从而促进阴极反应，最终导致金属的阳极溶解反应加速；SRB 代谢产物与 Fe 生成的 FeS 快速沉积在金属表面，结构疏松多孔，与暴露在腐蚀介质中的金属基体形成电偶对，加速金属基体腐蚀。因此，基于管线钢实际运行的微环境，探究 SRB 对腐蚀的影响规律具有理论和实际意义。

2.2 研究方法

2.2.1 实验介质与材料

实验所用细菌为脱硫弧菌（*Desulfovibrio desulfuricans*），它是一种典型的 SRB 细菌，取自中国普通微生物菌种保藏管理中心。富集培养溶液为 API RP – 38 溶液，其成分为：NaCl（10g/L）、$MgSO_4 \cdot 7H_2O$（0.2g/L）、KH_2PO_4（0.5g/L）、酵母膏（1.0g/L）、乳酸钠（4.0g/L）、抗坏血酸（0.1g/L）和 $Fe(NH_4)_2(SO_4)_2$（0.02g/L）。用 1mol 的 NaOH 将培养溶液的 pH 值调节在 7.0～7.2，培养溶液经高温灭菌 20min 后取出，随后通入过滤的高纯 N_2 持续 40min 以除去溶液中的 O_2。实验前 SRB 菌液在 30℃ 条件培养 12h，以激活休眠的细菌，提高其生理活性。

实验所选用的材料为国产 API 5L X80 高强管线钢，其广泛用于长输油气管线，如西气东输二线工程、中俄油气输送工程等。实验用原材料为大口径直缝埋弧焊钢管，执行美国石油协会（American Petroleum Institute，API）SPEC 5LX80（46 版）标准，表 2 – 1 所示为其主要化学成分。为观察分析显微组织，X80 钢金相样品经 120#、240#、400#、600#、800#、1000# 和 2000#SiC 砂纸逐级打磨，用金刚石抛光膏仔细抛光至镜面，然后用 4% 硝酸酒精溶液蚀刻，去离子水冲洗后冷风吹干，最后在金相显微镜下观察。图 2 – 1 所示为 X80 钢的典型金相组织照片，主要由多边形铁素体和珠光体组成。

表 2 – 1　X80 钢化学成分　　　　　　　　　　　　　（%）

C	Mn	Si	P	S	Cr	Ni	Cu
0.07	1.82	0.19	0.007	0.023	0.026	0.17	0.02

Al	Mo	Ti	Nb	V	N	B	Fe
0.028	0.23	0.012	0.056	0.002	0.004	0.0001	余量

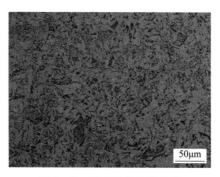

图 2-1　X80 钢的金相组织

本章所用电化学试样尺寸均为 10mm×10mm×3mm，测试前在试样背部焊接铜导线进行电化学测试，暴露工作面积为 10mm×10mm，非工作面用环氧树脂封装。实验所用土壤取自国家材料环境腐蚀试验站江西鹰潭土壤中心站（28°15′20″N，116°55′30″E），为第四纪红黏土，是华南地区酸性红壤的典型代表类型之一，其理化性质见表 2-2。

表 2-2　酸性红壤的理化性质

pH	化学成分/(mg/kg)								有机物/(mg/kg)	总氮/(mg/kg)	无机盐/(mg/kg)
	NO_3^-	Cl^-	SO_4^{2-}	HCO_3^-	Ca^{2+}	Mg^{2+}	K^+	Na^+			
4.3	3	8	9	12	4	2	3	7	2300	160	47

本章所用的测试溶液为酸性红壤浸出液，土壤浸出液的制备过程为将过筛的土壤与去离子水以 1∶1 的质量比混合，采用机械搅拌器搅拌 1h 后静置 24h，用滤纸和滤膜反复过滤，直至获得清澈的土壤浸出液备用。接菌组测试溶液体系为 95% 土壤浸出溶液 +5% 菌液，对照组为 95% 土壤浸出溶液 +5% 培养基。

2.2.2　电化学实验

使用电化学工作站（PARSTAT 2273，AMETEK，USA）在三电极电池系统上进行电化学测试。X80 钢用作工作电极，辅助电极为大面积铂片。饱和甘汞电极（Saturated Calomel Electrode，SCE）用作参比电极。使用基于 LabVIEW 2017 编程平台自行开发的 NI-DAQ 数据记录软件包记录试样的开路电位。线性极化测试的电位范围为 ±10mV 相对开路电位（Open Circuit Potential，OCP），扫描速率为 0.167mV/s。EIS 的测试频率范围为 $10^{-2} \sim 10^5$ Hz，激励信号为 10mV 正弦波。所有的 EIS 测试数据均采用 ZSimpWin 软件进行拟合。动电位极化曲线测试范围为

±250mV(vs. OCP)，电位扫描速率为 0.167mV/s。

2.2.3 浸泡实验

试验所用的样品经 SiC 砂纸逐级打磨到 1500#，使用无水乙醇冲洗并干燥保存。试验前首先用标准天平称取试样的重量并记录，每个试验不少于 3 个平行试样，试样需在紫外灯下至少照射 30min，实验所用的其他装备均经高温灭菌处理，以保证处于无菌状态。试样随后互不接触放入厌氧瓶中，菌种与被接种的溶液之间的比例控制为 1:100(V/V)，上述实验在无氧环境中进行，所有的测试设备均密封处理并保持在 30℃ 的环境中。无菌实验采用同样的实验步骤实现，区别是不进行接种实验。达到浸泡时间后，首先将试样从厌氧瓶中取出，并用无菌的磷酸缓冲液漂洗，之后放入 2.5%(V/V)的戊二醛溶液并储存在 4℃ 的环境中 8h。最后取出试样经 50%、60%、70%、80%、90% 和 100%(V/V)乙醇逐级脱水 8min，干燥保存备用。

对于需要观察腐蚀形貌的样品，采用 SEM 配置的能谱仪(Energy - dispersive X - ray Analysis，EDXA)对表面腐蚀产物的元素组成进行分析。腐蚀产物成分通过 X 射线光电子能谱(X - Ray Photoelectron Spectroscopy，XPS)进行分析。XPS 采用单色 Al Kα 为激发源(1486.6eV)，功率为 150W，能量为 50.0eV，束斑大小为 500μm，能量步长为 0.1eV。使用 XPS PEAK 软件对 XPS 结果进行拟合。

利用除锈液在超声仪中对试样表面的生物膜和腐蚀产物进行去除，其中除锈液为 3.5g 六次甲基四胺及 500mL 的盐酸和 500mL 的去离子水混合液，最后用无水乙醇冲洗，并干燥保存。利用 SEM 观察试样表面生物膜和腐蚀产物形貌，之后去除表面腐蚀产物，利用激光扫描共聚焦显微镜(Confocal Laser Scanning Microscope，CLSM)和原子力显微镜(Atomic Force Microscope，AFM)扫描蚀坑形貌，首先在低倍物镜下对整个试样表面进行观察扫描以确定最大蚀坑位置，随后对该位置在高低倍下进行放大成像，以便获得更准确的蚀坑深度数据。最大蚀坑的平均深度由 3 个试样测量获得，其中每个试样需采集自 3 个不同位置。

2.3 研究结果

2.3.1 细菌生长特性分析

图 2 - 2 所示为在实验 14h 培养过程中，剥离涂层下不同位置处的浮游 SRB

计数结果。剥离涂层下 SRB 生长规律在不同位置显示出类似的演化趋势。实验接菌 1h 后，剥离涂层下所有位置的浮游 SRB 均呈生长趋势，数量均超过 2×10^7 个/mL。随后，在不同位置可以观察到更多的浮游 SRB，不同位置的 SRB 数量在接菌第 2d、第 3d 后达到最高值。随后，不同部位的 SRB 数量呈下降趋势，这是由于随着培养时间的延长，溶液中的营养物质逐渐被 SRB 消耗，导致实验后期 SRB 数量开始下降，该观察结果与典型的 SRB 生长曲线一致。

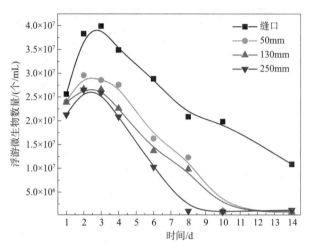

图 2-2　模拟剥离涂层下不同位置浮游 SRB 计数结果(血球板计数法)

为了进一步研究剥离涂层下管线钢表面 SRB 生理状态与成膜情况，使用荧光染色技术观察剥离涂层下不同位置处 X80 钢表面上的 SRB 活/死状态及生物膜层结构。图 2-3 所示为测试 14d 后剥离涂层下 X80 钢试样表面活/死 SRB 的三维成像图，其中绿色(图中用 + 指示)和红色(图中用 × 指示)分别表示活细菌和死细菌。可以看出，在酸性红壤浸出液中测试 14d 后剥离涂层下不同位置 X80 钢表面上均可以观察到活细菌和死细菌。对于剥离涂层缝口处，试样表面形成一层由大量活细菌构成的活性生物膜，而对于剥离涂层缝隙内，随着缝隙剥离深度的增加，活 SRB 数逐渐减少，表现为 CLSM 染色活细菌膜层逐渐疏松。此外，剥离涂层缝口处的死细菌(图中用 × 指示)比较稀少，随机分布在试片表面。以上结果表明：SRB 管线钢表面生成生物膜，且剥离涂层下生物膜层结构存在较大差异，缝口处活细菌数高于缝隙内。生物膜能够为微生物提供适宜生长的条件，同时改变局部微环境，进而影响腐蚀过程。剥离涂层下 SRB 生理活性差异及成膜状态差异可能对 X80 钢腐蚀过程产生重要影响。

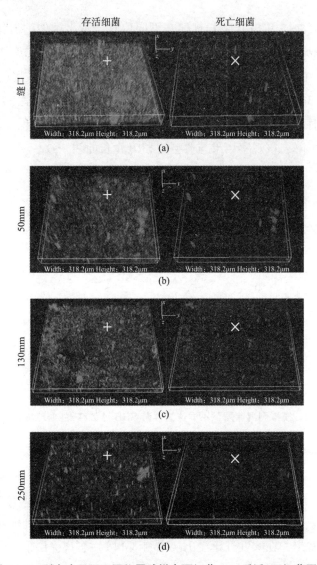

图2-3　剥离涂层下不同位置试样表面细菌14d后活/死细菌图像

2.3.2　腐蚀形貌分析

X80钢在无菌和接种SRB的酸性红壤溶液中剥离涂层下腐蚀测试14d后表面腐蚀产物形貌图如图2-4所示。可以看出，在无菌酸性土壤浸出液中，X80钢试样表面形成一层团簇状腐蚀产物膜层。在剥离涂层缝口钢试样表面观察到一层疏松多孔的腐蚀产物膜层，而在剥离涂层缝隙内钢试样表面观察到团簇状腐蚀产物形貌，且随着涂层剥离深度的增加，薄膜变得越来越疏松，在缝隙最深处（距缝口 250mm)，试样表面部分被少量簇状腐蚀产物覆盖。这也表明 X80 钢的腐蚀在缝口处最为严重，随着剥离涂层深度的增加而逐渐降低，缝隙深处腐蚀最轻。在 SRB 参与的情况下，剥离涂层下 X80 钢表面形成的腐蚀产物膜的形貌发生了较大变化。对于剥离涂层缝口试样，表面观察到蘑菇状腐蚀产物和大量固着 SRB。然而，在剥离涂层缝隙内钢试样表面又观察到明显不同的腐蚀产物形态。缝隙内试样表面可以观察到大量丝状腐蚀产物。SEM 形貌结果说明 SRB 对酸性红壤环境中剥离涂层下 X80 钢的腐蚀具有重要的影响。

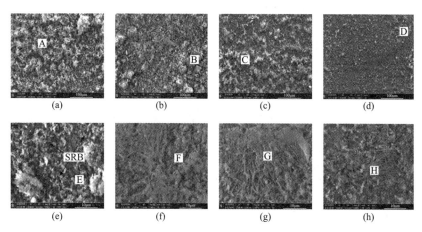

图 2−4　X80 钢在无菌和接种 SRB 的酸性红壤溶液中
剥离涂层下腐蚀测试 14d 后表面腐蚀产物形貌图
(a)、(e)缝口和距离缝口；(b)、(f)50mm；(c)、(g)130mm；(d)、(h)250mm

进一步对腐蚀产物的成分进行了元素分析，表 2−3 所示为相应的分析结果。在无菌酸性红壤环境中，X80 钢的腐蚀产物主要由 C、O、Si、P 和 Fe 组成。这表明无菌环境中腐蚀产物主要是铁氧化物。当 SRB 参与后，腐蚀产物中还检测到了 S 元素，这与 SRB 的生理活性有关，也进一步说明 SRB 参与了剥离涂层下 X80 钢的腐蚀。

表 2−3　在无菌和接种 SRB 的酸性红壤溶液中剥离涂层下 X80 钢测试 14d 后
腐蚀产物的元素分析结果

扫描区域	元素/%（质量分数）						
	C	O	Al	Si	P	S	Fe
A(缝口)	7.32	42.13	—	4.38	10.10	—	36.07
B(50mm)	8.88	33.39	—	1.33	10.06		46.34

扫描区域	元素/%（质量分数）						
	C	O	Al	Si	P	S	Fe
C(130mm)	7.80	33.31	—	3.04	1.24	—	54.61
D(250mm)	6.69	32.39	—	2.03	2.06	—	56.83
E(缝口)	13.45	35.83	0.06	0.81	0.23	0.73	48.88
F(50mm)	12.66	31.74	0.19	1.12	1.72	0.54	52.03
G(130mm)	8.49	27.70		0.94	9.41	0.25	53.21
H(250mm)	9.03	37.59	0.53	0.40	11.97	0.27	40.21

图 2-5 所示为 X80 钢在无菌和接种 SRB 的酸性红壤溶液中剥离涂层下腐蚀测试 14d 后，腐蚀产物的 XPS 分析 Fe 和 S 的高分辨图。Fe 谱的拟合包含 3 个子峰，分别为 711.4eV、713.6eV 和 725.3eV。711.4eV 峰位为 Fe_3O_4 的特征峰，713.6eV 处的峰与 FeS 有关，725.3eV 处的峰归因于 FeOOH。对于 S 的精细谱，160.8eV 和 162.2eV 处的子峰分别为 FeS 和 FeS_2，这两种硫化物是 SRB 腐蚀的典型产物。

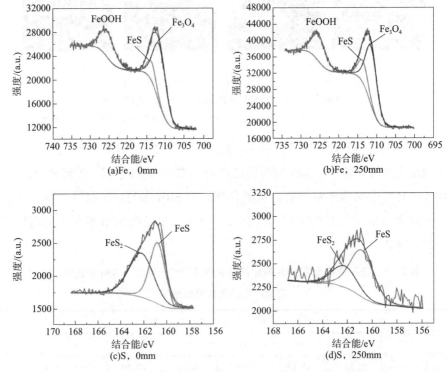

图 2-5 X80 钢在无菌和接种 SRB 的酸性红壤溶液中
剥离涂层下腐蚀测试 14d 后腐蚀产物的 XPS 分析 Fe 和 S 的高分辨图

图 2-6 所示为 X80 钢在无菌和接种 SRB 的酸性红壤溶液中剥离涂层下腐蚀测试 14d 后去除表面产物的 SEM 形貌图。剥离涂层下 X80 钢在酸性红壤溶液中的腐蚀形式为局部点蚀。在无菌溶液中，剥离涂层不同位置的试样上均观察到一些点蚀坑，缝口处试样的点蚀更为严重，随着剥离涂层缝隙深度的逐渐增加，点蚀坑数量和大小逐渐减少，说明点蚀程度逐渐减弱；然而，在接种 SRB 的酸性红壤环境中，剥离涂层下 X80 钢的点蚀进一步加剧，在钢试样表面观察到一些更大的点蚀坑，点蚀坑的数量和大小同样随着剥离涂层缝隙深度的增加而逐渐减小。总体来说，与无菌溶液相比，接菌组试样表面的点蚀更加严重。以上结果证明 SRB 加速了剥离涂层下 X80 钢在酸性红壤环境中的腐蚀。

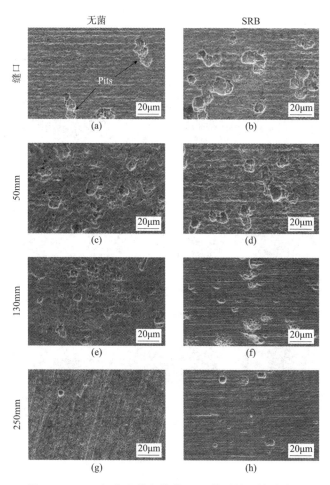

图 2-6　X80 钢在无菌和接种 SRB 的酸性红壤溶液中
剥离涂层下腐蚀测试 14d 后去除表面产物的 SEM 形貌图

图 2-7 所示为 X80 钢在无菌和接种 SRB 的酸性红壤溶液中剥离涂层下腐蚀测试 14d 后去除表面产物的 AFM 形貌图。对比剥离涂层下不同位置试样，与无菌组相比接菌组试样表面变得更加粗糙。实验前初始试样表面的平均粗糙度为 64nm。在测试 14d 后，缝口试样表面的平均粗糙度从 199nm(无菌)增加到 335nm

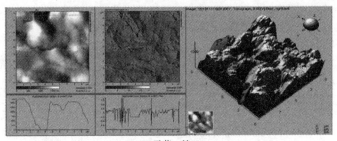

(a)无菌，缝口

(b)无菌，250mm

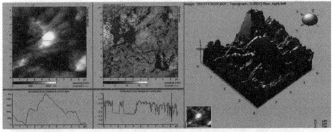

(c)有菌，缝口

(d)有菌，250mm

图 2-7　X80 钢在无菌和接种 SRB 的酸性红壤溶液中
剥离涂层下腐蚀测试 14d 后去除表面产物的 AFM 形貌图

（接菌），R_{p-v}值（峰谷与峰顶之差）从 1872nm（无菌）增加到 2939nm（有菌）。此外，不管在接菌还是无菌情况下，平均粗糙度和 R_{p-v} 值都随着剥离涂层缝隙深度的增加而呈下降趋势，在剥离涂层缝隙底部（距离缝口 250mm 时），平均粗糙度和 R_{p-v} 值达到最小。表面分析结果表明 SRB 加剧了剥离涂层下管线钢的腐蚀。

2.3.3　腐蚀电化学分析

图 2-8 所示为在无菌和接菌酸性红壤溶液环境中，剥离涂层下 X80 钢局部电位随时间的演变趋势。实验初期 X80 钢在无菌溶液中的 OCP 约为 -648mV（SCE），剥离涂层缝隙内试样与缝口试样存在数十毫伏电位差，剥离涂层缝隙最深处（距离缝口 250mm）的局部电位最负，约为 -668mV。随着浸泡时间的延长，剥离涂层下 X80 钢的局部电位逐渐负移。实验第 12d 后，剥离涂层缝口试样局部电位最负，证明有更大的腐蚀倾向。对于接菌土壤环境，实验初期 X80 钢剥离涂层缝隙内试样与缝口试样电位差较小，而随着 SRB 的生长，各位置处试样的 OCP 迅速正移，由于剥离区内 SRB 浓度呈梯度分布，SRB 在缝口处数量最多，此处试样的局部电位也较缝隙内更正，且电位差达到几十毫伏。剥离涂层下的 OCP 差异较小。此后随着细菌浓度的衰减，缝口试样 OCP 也逐渐负移，导致开口处和剥离区底部试样间的电位差随实验时间延长呈减小趋势。以上结果表明：

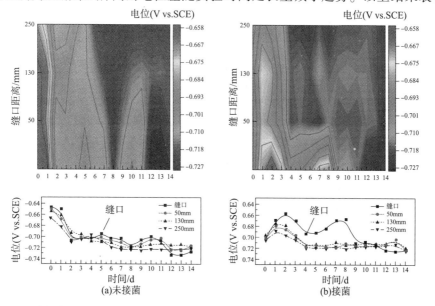

图 2-8　剥离涂层下不同位置试样在无菌和接菌酸性红壤浸出液中的开路电位随时间的变化

SRB 在管线钢表面成膜，生理活动和膜层的动态演变都对剥离涂层下 X80 钢的腐蚀产生影响，尤其是缝口处。

通过 EIS 对剥离涂层下 X80 钢在酸性红壤环境中的腐蚀速率进行监测。在无菌和接菌土壤溶液中浸泡第 7d、第 14d 后 X80 钢的电化学阻抗谱如图 2－9 所示。可以看出，剥离涂层下所有试样测量的阻抗曲线在整个频率范围内显示出完整的容抗弧，未出现扩散特征。这表明剥离涂层下 X80 钢处于活性溶解状态，并且剥离涂层下缝隙中管线钢的电化学过程处于电荷转移控制。无论是无菌还是接菌条件，容抗弧半径均表现为缝口处的半径最小，且随着剥离涂层剥离深度的增加而逐渐增大。这表明与缝口相比，剥离涂层缝隙中管线钢的电化学过程受到抑制。获得剥离涂层下管线钢腐蚀电化学特征后，进一步对剥离涂层下无菌和接菌条件下的 EIS 数据进行对比，X80 钢在接菌溶液中测得的容抗弧半径明显小于无菌环境下，这表明 SRB 加速了剥离涂层下的腐蚀。此外，在无菌和含有 SRB 的溶液中进行第 14d 测试时，在剥离涂层缝口及附近的试样上观察到低频范围内的感抗弧特征，这与钢表面点蚀的形核过程有关。

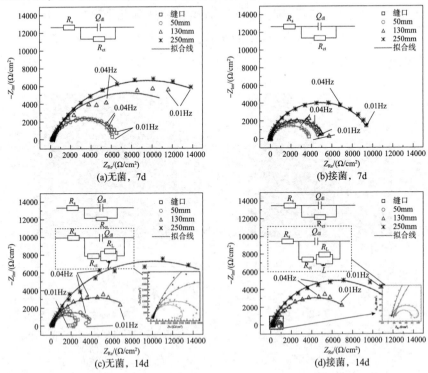

图 2－9　第 7d、第 14d 剥离涂层下不同位置 X80 钢在无菌与接菌酸性红壤浸出液中的 EIS 图

采用两种等效电路 $R_s(Q_{dl}R_s)$ 和 $R_s(Q_{dl}(R_{ct}(R_LL)))$ 对不同特征的 EIS 图进行拟合获取腐蚀动力学参数，其中 R_s 和 R_{ct} 分别表示溶液电阻和电荷转移电阻。R_L 和 L 是感应回路的电阻和电感。用恒相元件 Q 代替电容 C，其表示双电层电容。拟合结果见表 2－4，在无菌环境中测试 7d 后的 R_{ct} 在剥离涂层缝口处最小，为 $5.93 k\Omega \cdot cm^2$。距离剥离涂层缝口 50mm 时，R_{ct} 值增加到 $6.67 k\Omega \cdot cm^2$。随着剥离深度的进一步增加，R_{ct} 值进一步增大，在缝隙最深处（距离剥离涂层缝口 250mm）的 R_{ct} 值达到 $18.70 k\Omega \cdot cm^2$，是缝口的 3 倍多。从表 2－4 中还可以看出，剥离涂层下同一位置试样的 R_{ct} 值随时间而降低。第 14d 后，试样在缝口的 R_{ct} 值急剧下降至 $1.86 k\Omega \cdot cm^2$，剥离涂层缝隙内测量的 R_{ct} 值略有下降。接菌组测量观察结果与无菌组具有相同的变化趋势，而同等条件下接菌组测量 R_{ct} 值小于无菌组，表明 SRB 加剧了剥离涂层下 X80 钢的腐蚀，尤其是在剥离涂层缝口处。缝口处 R_{ct} 值在第 7d 为 $3.84 k\Omega \cdot cm^2$，在第 14d 仅为 $0.52 k\Omega \cdot cm^2$。

表2－4　第7d、第14d剥离涂层下不同位置试样在无菌和有菌环境下中的 EIS 图拟合结果

时间/d	位置/mm	$R_s/(\Omega \cdot cm^2)$	$Q_{dl}/(\Omega^{-1} \cdot s^n \cdot cm^{-2})$	$R_{ct}/(k\Omega \cdot cm^2)$	$R_L/(\Omega \cdot cm^2)$	$L/(H \cdot cm^2)$
无菌7	缝口	282	1.7×10^{-4}	5.93	—	—
	50	149	2.4×10^{-4}	6.67	—	—
	130	174	2.5×10^{-4}	14.91	—	—
	250	237	2.5×10^{-4}	18.70	—	—
无菌14	缝口	267	1.9×10^{-4}	1.86	839	2803
	50	197	4.0×10^{-4}	3.56	1107	9286
	130	186	3.6×10^{-4}	8.78	—	—
	250	229	2.5×10^{-4}	19.77	—	—
有菌7	缝口	130	3.1×10^{-4}	3.84	—	—
	50	102	3.0×10^{-4}	4.80	—	—
	130	119	2.1×10^{-4}	5.26	—	—
	250	108	2.2×10^{-4}	9.73	—	—
有菌14	缝口	261	4.4×10^{-4}	0.52	—	—
	50	108	4.2×10^{-4}	0.72	303	1254
	130	222	3.5×10^{-4}	8.23	—	—
	250	114	2.9×10^{-4}	12.77	—	—

根据 Stern – Geary 方程，R_{ct}^{-1} 与钢的腐蚀速率成正比。图 2 – 10 所示为 X80 钢的 R_{ct}^{-1} 值随与漏点距离的变化规律。接菌环境中的 R_{ct}^{-1} 值远大于无菌环境中测得的 R_{ct}^{-1} 值。剥离涂层缝口处 X80 钢在无菌酸性红壤溶液中的 R_{ct}^{-1} 值相对较大，表明较高的腐蚀速率。然而，接种 SRB 菌株后，剥离涂层缝口处 X80 钢的 R_{ct}^{-1} 值大大增加，表面 SRB 加速腐蚀。剥离涂层下 X80 钢的 R_{ct}^{-1} 值随着与漏点距离的增加而急剧下降，然后在 130mm 处时保持稳定。14d 后，缝口附近（距离 0 ~ 50mm）的 R_{ct}^{-1} 值仍然较大，远大于缝隙内测量值。上述结果表明：SRB 促进了剥离涂层下 X80 钢的腐蚀，尤其是在剥离涂层缝口附近。

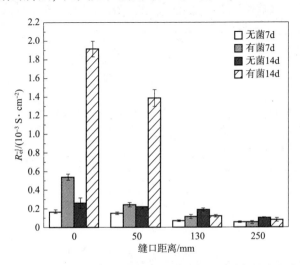

图 2 – 10　第 7d、第 14d 电荷转移电阻的倒数 R_{ct}^{-1} 随与漏点距离的变化

2.4　分析与讨论

2.4.1　硫酸盐还原菌腐蚀机制

以上研究表明，SRB 在管线钢表面成膜，并加速了剥离涂层下管线钢的腐蚀。涂层剥离形成的空间可视为封闭厌氧环境，为 SRB 生长提供了良好的厌氧条件。SRB 参与的管线钢腐蚀是一个电化学过程。当土壤溶液存在 SRB 时，SRB 能将跨膜扩散到细胞内的可溶性硫酸盐作为末端电子受体，还原溶液中的硫酸盐为硫化物获取生理活动所需的能量。在接菌酸性红壤浸出液中，H^+ 和 SO_4^{2-} 在阴

极充当电子受体，SO_4^{2-} 在 SRB 呼吸作用下还原为 HS^-，该过程可以用下列电化学反应式表示。

$$阳极反应：Fe \longrightarrow Fe^{2+} + 2e^- \tag{2-1}$$

$$E = -0.447V + \frac{RT}{2F}\ln[Fe^{2+}] \; (vs. \; SHE) \tag{2-2}$$

$$阴极反应：2H^+ + 2e^- \longrightarrow H_2 \tag{2-3}$$

$$SO_4^{2-} + 9H^+ + 8e^- \longrightarrow HS^- + 4H_2O \, (BCSR) \tag{2-4}$$

$$E = 0.252V - \frac{2.591RT}{F}pH - \frac{RT}{8F}\ln\frac{[HS^-]}{[SO_4^{2-}]} \; (vs. \; SHE) \tag{2-5}$$

$$总反应：4Fe + SO_4^{2-} + 9H^+ \longrightarrow 4Fe^{2+} + HS^- + 4H_2O \tag{2-6}$$

式（2-2）和式（2-5）是阴阳极反应的能斯特方程，用于计算反应的平衡电位。式（2-2）的吉布斯自由能变化和标准平衡电极电位为

$$\Delta G^{\ominus} = \sum_i \Delta G_{i,\text{pord}}^{\ominus} - \sum_i \Delta G_{i,\text{react}}^{\ominus} = 86.26 \; (kJ/mol) \tag{2-7}$$

$$E^{\ominus}(Fe^{2+}/Fe) = -\frac{\Delta G^{\ominus}}{nF} = -0.447 \; (V \; vs. \; SHE) \tag{2-8}$$

管线钢腐蚀的驱动力是电化学反应式（2-1）和式（2-4）之间的电位差 E_{cell}，可以用式（2-9）表达：

$$E_{\text{cell}} = E(SO_4^{2-}/HS^-) - E(Fe^{2+}/Fe) \tag{2-9}$$

假设溶质浓度均为 1mol/L，实验温度为 25℃，溶液的 pH 值为 4.3。计算得该条件下的反应电极电势为 $E(Fe^{2+}/Fe) = -0.447V \; (vs. \; SHE)$ 和 $E(SO_4^{2-}/HS^-) = -0.034V \, (vs. \; SHE)$。因此，铁氧化和硫酸盐还原耦合的氧化还原反应的电极电位为 $E_{\text{cell}} = 0.413V$。进一步根据式（2-10）计算得到式（2-6）的吉布斯自由能变化为 $\Delta G = -319kJ/mol$：

$$\Delta G = -nFE_{\text{cell}} \tag{2-10}$$

式中，n 为还原的电子数；F 为法拉第常数，$F = 96485C/mol$；E_{cell} 为氧化还原反应的电极电位。由于反应 ΔG 为负值，因此式（2-6）在热力学上是自发进行的。

事实上，对于 SRB 的硫酸盐呼吸，有机碳（如乳酸）同样用作电子供体，而硫酸盐用作电子受体，如式（2-11）~式（2-13）所示：

$$2CH_3CHOHCOO^- + 4H_2O \longrightarrow 2CH_3COO^- + 2HCO_3^- + 10H^+ + 8e$$

$$\tag{2-11}$$

$$E = -0.1106\text{V} - \frac{2.879RT}{F}\text{pH} + \frac{RT}{4F}\ln\frac{[\text{CH}_3\text{COO}^-][\text{HCO}_3^-]}{[\text{CH}_3\text{CHOHCOO}^-]} \ (\text{vs. SHE})$$

$$(2-12)$$

$$2\text{CH}_3\text{CHOHCOO}^- + \text{SO}_4^{2-} \longrightarrow 2\text{CH}_3\text{COO}^- + 2\text{HCO}_3^- + \text{HS}^- + \text{H}^+ \quad (2-13)$$

此时，管线钢腐蚀的驱动力是电化学反应式(2-11)和式(2-5)之间的电位差 E_{cell}，可以用式(2-14)表达：

$$E_{\text{cell}} = E(\text{SO}_4^{2-}/\text{HS}^-) - E(\text{CH}_3\text{COO}^-/\text{CH}_3\text{CHOHCOO}^-) \quad (2-14)$$

计算得到该条件下的反应电极电势为 $E(\text{CH}_3\text{COO}^-/\text{CH}_3\text{CHOHCOO}^-) = -0.429\text{V}(\text{vs. SHE})$。因此，乳酸氧化和硫酸盐还原耦合的氧化还原反应的电极电势为 $E_{\text{cell}} = 0.395\text{V}$。进一步根据式(2-10)计算得到式(2-6)的吉布斯自由能变化为 $\Delta G = -305\text{kJ/mol}$。$\Delta G$ 为负值表示式(2-13)在此条件下热力学上有利。

SRB 依赖于生物催化的氧化还原反应，比如乳酸盐的氧化和硫酸盐的还原耦合，来提供它们新陈代谢所需要的能量。如果有机碳源局部缺失，SRB 可能会利用其他电子受体进行生理代谢。在酸性红壤形成过程中，土质较为贫瘠，大量高价铁氧化物会积聚在细黏土矿物表面，其中一些直接与钢基体接触，进一步有助于加速钢在酸性红壤环境中的腐蚀过程。因此，在有机质和硫酸盐较少的酸性红壤环境中，SRB 加速腐蚀的原因还可能为土壤环境中存在可供 SRB 生理代谢利用的其他的电子受体。事实上，自然界中可供微生物利用的电子受体多种多样。已有研究表明，SRB 不只以硫酸盐作为终端电子受体，还可以还原多种类型的高价金属元素。高价铁氧化物可以作为微生物的电子受体，在厌氧环境下微生物代谢活动导致高价铁氧化物减少。因此，在酸性红壤环境中 SRB 菌株可能利用高价铁氧化物作为末端电子受体。Fe(Ⅲ) 还原可能是加速管线钢腐蚀的主要原因。SRB 引起 Fe(Ⅲ) 还原有间接与直接两种方式。

间接作用过程中还原产物 HS$^-$ 可作为还原剂，主要反应如下：

$$2\text{FeOOH} + 3\text{HS}^- + 3\text{H}^+ \longrightarrow 2\text{FeS} + \text{S} + 4\text{H}_2\text{O} \quad (2-15)$$

计算得到该反应的吉布斯自由能为 $\Delta G = -530\text{kJ/mol}$，在此条件下热力学上有利。从热力学角度分析，FeOOH 还原比硫酸盐还原获得更多的能量，SRB 还原 Fe(Ⅲ) 应优先于硫酸盐还原过程。

在 SRB 的 Fe(Ⅲ) 还原过程中，还可能存在直接还原机制。SRB 可以直接将电子从作为电子供体的 Fe 转移到 Fe(Ⅲ)，其中 Fe(Ⅲ) 是末端电子受体。因此，在 SRB 的作用下发生直接电子转移的反应：

$$8FeOOH + Fe \longrightarrow 3Fe_3O_4 + 4H_2O \qquad (2-16)$$

计算得到式(2-16)的吉布斯自由能为 $\Delta G = -79.5 \text{kJ/mol}$，这表明该反应在热力学上是有利的。SRB 在土壤环境生理代谢过程中，可供其选择的电子供体多样，SRB 会选择电势最低且可用的电子供体使能量增益最大化，以进行新陈代谢；同样，SRB 也倾向于电势最高且可用的电子受体来获取能量增益，铁氧化物一般也是通过这种方式被 SRB 还原。从热力学角度分析，高价 Fe(Ⅲ)还原比硫酸盐还原可以获得更多的能量。在酸性红壤中，SRB 利用钢等作为电子供体，以高价 Fe(Ⅲ)作为末端电子受体，实现电子转移并获得生命活动所需能量，并加速管线钢腐蚀。此外，FeS 是 SRB 腐蚀的主要腐蚀产物。FeS(阴极)和暴露的钢基体(阳极)之间形成了增强钢腐蚀的电偶对。因此，代谢硫化物的累积同样也加速了钢试件的腐蚀过程。

2.4.2 硫酸盐还原菌在剥离涂层下腐蚀规律

SRB 显著促进了剥离涂层下 X80 钢的腐蚀，尤其是在剥离涂层缝口附近。涂层剥离形成的特殊几何结构使得剥离涂层下存在电位梯度、浓度梯度和物质扩散梯度。涂层剥离形成的缝隙可以充当屏障，阻止 SRB 生长所需的营养物质和参与腐蚀反应的物质的扩散。在缝口附近，由于浓度梯度这些物质很容易扩散到钢基体表面，营养物质较多供 SRB 生长，因此在缝口处观察到较多的 SRB。同时，在缝口附近的钢/溶液界面上阳极溶解形成的 Fe^{2+} 也容易扩散到本体溶液中。界面处 Fe^{2+} 的减少进一步增强了 Fe 的阳极溶解，从而增加了剥离涂层缝口附近钢的腐蚀。然而，由于剥离涂层空间和形状的几何限制，缝隙内营养物质和 Fe^{2+} 的扩散受到限制，导致腐蚀速率低于缝口的腐蚀速率。一般来说，一些腐蚀性离子倾向于从缝隙中扩散出去，从而改变了溶液的局部电化学条件。从 SRB 计数结果来看，浮游及固着 SRB 数量均随着缝隙深度的增加而逐渐减少，进一步表明在剥离涂层下缝隙中的化学/电化学环境的差异。图 2-11 所示为实验 14d 后剥离涂层下 SO_4^{2-} 浓度的变化趋势。由图可知：SO_4^{2-} 浓度在缝口最低，而在剥离涂层缝隙内呈浓度梯度分布，这进一步表明 SRB 生理活动在缝口处更加强烈。因此，缝口附近的钢腐蚀比缝隙内的腐蚀更严重。

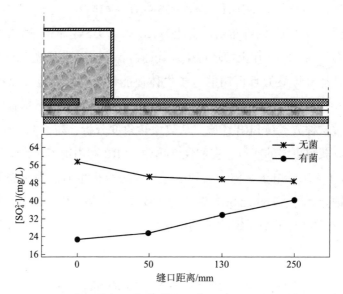

图 2-11　实验 14d 后无菌和接菌溶液中 SO_4^{2-} 浓度随涂层剥离距离的变化规律

2.5　小结

（1）剥离涂层下 SRB 数量呈梯度分布，浮游和固着 SRB 数量在缝口处最多，随着剥离涂层深度的增加而逐渐减少。SRB 在酸性红壤浸出液中进行生理代谢，在钢表面形成一层包含生物膜和腐蚀产物的复合膜。

（2）剥离涂层下 X80 钢在酸性红壤环境中的腐蚀形式为局部点蚀，缝口处点蚀最为严重，随着剥离涂层深度的增加点蚀程度逐渐降低。SRB 增强了剥离涂层下 X80 钢局部点蚀敏感性，管线钢表面形成团簇状点蚀，并相互连通，形成高密度的局部点蚀。

（3）EIS 结果表明：最严重腐蚀区域出现在剥离涂层缝口处，剥离区内 X80 钢的局部腐蚀敏感性逐渐降低；SRB 显著增加了剥离涂层下 X80 钢局部腐蚀敏感性。

（4）热力学分析表明：SRB 不仅可以利用硫酸盐，还可以利用酸性红壤环境中的高价铁氧化物作为电子受体，为其生长获取能量，并进一步直接或间接加速钢的腐蚀。

第3章　管线钢硝酸盐还原菌腐蚀规律研究

3.1　引言

NRB 作为一种反硝化细菌，广泛存在于土壤和海洋中，是生态系统氮循环过程中重要的环节之一。在石油和天然气工业中，通过注入硝酸盐以激活和促进 NRB 的生长繁殖从而抑制 SRB 的活性，以此减缓储层酸化。然而在实际运行过程中，发现虽然油藏中硫酸盐还原菌得到有效控制，但油管依旧发生腐蚀。近年来，随着对微生物腐蚀的不断探索，NRB 同样被认为可导致微生物腐蚀的发生。Xu 等研究了厌氧条件下 NRB *Bacillus licheniformis* 对碳钢的腐蚀情况，发现与无菌组相比，有菌条件下碳钢腐蚀大大加速，并仿照硫酸盐还原菌提出了生物阴极催化硝酸盐还原理论。具体是指，当环境介质中营养物质匮乏时，NRB 或可通过胞外电子传递从钢中获取电子，经由位于细胞膜上的呼吸链将其传递给硝酸盐，从而获得能量，且在理论上将铁的氧化与硝酸盐还原反应耦合为一个释放能量的过程。

目前关于微生物对材料的腐蚀已进行了大量的研究，特别是关于 SRB 已建立阴极去极化、代谢物硫化作用、阴极催化硫酸盐还原等理论。尽管如此，由于自然界，特别是土壤环境中的微生物种类最多，功能各异，对其他微生物的深入研究还是缺乏。*Bacillus cereus* 作为一种 NRB，其广泛存在于土壤环境中，然而关于其对管线钢的腐蚀影响研究甚少，且集中在 EET 理论。NRB 的还原代谢产物也是不容忽视的因素。亚硝酸盐通常作为缓蚀剂广泛应用在钢筋混凝土结构中，但在无氧环境中，低浓度的亚硝酸盐可与 Fe 的氧化耦合作用从而加速腐蚀。因此，NRB 对金属的腐蚀不仅涉及胞外电子传递，也与其还原产物密切相关。此前人们对 NRB 腐蚀的研究均在特定的培养环境中，未考虑实际管线钢运行的微环境，且仅仅探索了电子传递的影响，未考虑代谢产物的影响，对微生物腐蚀的认识不够系统和全面。因此，本章基于管线钢实际运行的微环境，探索 NRB 对腐蚀的影响规律具有理论和实际意义。

3.2 研究方法

3.2.1 实验介质与材料

本实验采用的 NRB 为 *Bacillus cereus*，该细菌是从北京郊区土壤中埋设 2 年的 X80 钢周边土中分离得到，基于 16SrRNA 的系统发育树分析了分离细菌与其他细菌之间的进化关系，该菌株与芽孢杆菌的亲缘关系最为密切，与蜡状芽孢杆菌的亲缘关系尤为相似，如图 3 - 1 所示，随后参考 GB 4789.14—2014《食品安全国家标准　食品微生物学检验　蜡样芽孢杆菌检验》证实其具有硝酸盐还原性，结果如图 3 - 2 所示。

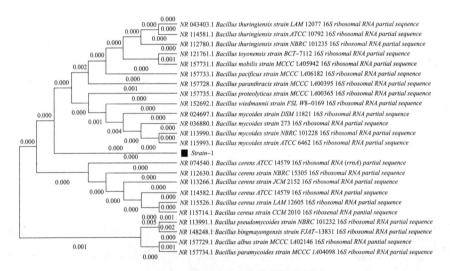

图 3 - 1　所测细菌系统发育进化树

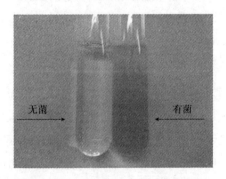

图 3 - 2　硝酸盐还原能力鉴定结果

试验所采用的材料为 X80 钢，具体成分见第 2 章。溶液介质为中性土壤模拟液，其成分（g/L）为胰蛋白（2.0）、酵母提取物（1.0）、NaCl（1.0）、NaNO$_3$（1.0）、NaHCO$_3$（0.483）、KCl（0.122）、CaCl$_2$（0.137）、MgSO$_4 \cdot 7H_2O$（0.131）。所用药品皆为分析纯试剂，溶剂为去离子水。以上溶液混合均匀后，置于高压灭菌锅 121℃、15min。待冷却后通入 95% N$_2$ + 5% CO$_2$ 至少 2h 以实现除氧和 pH 的中性。实验溶液最终 pH 为 6.8 ± 0.1。

3.2.2 电化学实验

电化学实验所用的试样是由铜导线焊接并用环氧树脂密封，仅留 1cm^2。采用电化学工作站进行电化学阻抗谱（EIS）和动电位极化的测量，测试装置采用三电极体系，其中试样为工作电极（WE），饱和甘汞电极为参比电极（RE），铂片为对电极（CE）。浸泡实验在厌氧瓶中进行，三个试样水平且无接触地放置瓶中。浓差电池实验装置是采用阳离子交换膜（CEM）把两个腔室分开，两个 WE 分别放入两个腔室内，随后 RE 放入其中的一个腔室内并做标记为 WE1。三电极实验和浓差电池实验装置如图 3−3 所示。

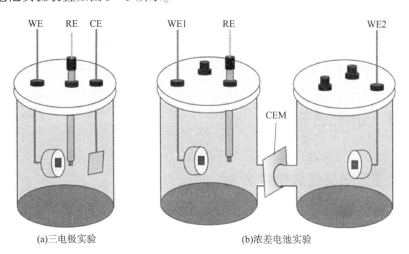

(a)三电极实验   (b)浓差电池实验

图 3−3 三电极实验和浓差电池实验装置示意

EIS 和动电位极化曲线分别在有菌和无菌环境中浸泡 1d、3d、7d 和 14d 进行测试，测试均在开路稳定后进行。EIS 测试在正弦电压为 10mV、频率范围为 10^{-2} ~ 10^5 Hz 下进行。动电位极化曲线的扫描速率为 0.5mV/s，扫描范围从

-1.5V至1.0V。试验结果分别用 Zsimpwin 软件(Scribner)和 Echem Analyst 软件(Gamry)进行分析。试验的电位值均相对于饱和甘汞电极,除非有特殊说明。

利用浓差电池实验装置,采用零内阻电流模式,每 2min 获取数据 1 次,通过改变 WE1 腔室的环境参数探究其影响作用,实验前测试表明正电流为 WE1 的电子流向 WE2,实验参数如表 3-1 所示。

表 3-1　浓差腐蚀实验参数

目的	电极	添加物/(mmol/L)	添加时间/总时间/d
细菌	WE1	15NaNO$_3$,细菌	0.5/5
	WE2	15NaNO$_3$	0.5/5
NaNO$_2$	WE1	15NaNO$_2$	0.5/5
	WE2	15NaNO$_3$	0.5/5
碳源	WE1	15NaNO$_3$,细菌,无碳源	0.5/5
	WE2	15NaNO$_3$	0.5/5

首先在不含有硝酸盐、亚硝酸盐和细菌条件下观察 720min,待电流稳定后表明两个电极处于电化学平衡状态。随后分别添加不同的物质,并收集电位和电流数据。同时,定期分别吸取两个腔室的溶液监测硝酸盐和亚硝酸盐溶度。硝酸盐、亚硝酸盐浓度均通过滴定法获得。将滴定试剂逐滴加入待测溶液中,摇匀溶解,然后观察溶液颜色变化并记录相应滴数,最后换算成摩尔浓度。

3.3　研究结果

3.3.1　细菌生长特性分析

监测细菌在无氧溶液介质中的数目变化和对 pH 的影响,是表征其生长过程和对实验时间节点选取的重要参考。实验结果如图 3-4(a)所示,NRB 在第 1~5d 细菌数目略有增长,这主要是细菌进入无氧的新介质环境,对自身活动的调节过程。随后,细菌数目急剧增多并在第 6~13d 处于较稳定的状态,表明细菌已经适应环境,加速自我繁殖。之后,受培养基中营养物质和生长环境的限制,细菌繁殖能力下降,死亡细菌开始出现。第 15d 后细菌数目逐渐减少,表明细菌生存环境已恶化,单个细菌出现消溶的现象。pH 值在 3d 前从 6.9

下降至 6.75，这与 NRB 在无氧环境中代谢产生的有机酸有关，之后缓慢上升至 7.1 附近，并趋于稳定。结果表明：NRB 在适宜的环境中不产生大量的酸性代谢产物。图 3－4(b)所示为 NRB 培养 14d 后在血球计数板中的形态，可见 NRB 在无氧环境中呈短杆状，这与在有氧环境中的长度有明显的区别。以上结果表明：实验选取第 1d、第 3d、第 7d 和第 14d 作为观察的实验节点是合理且可行的，这其中包含了细菌的适应期、繁殖期和衰退期，可以全方位探究其对材料的腐蚀影响。

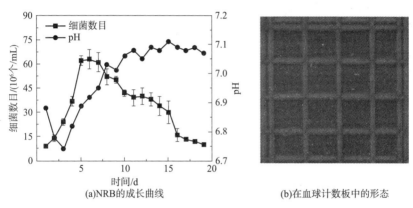

(a)NRB的成长曲线　　　　(b)在血球计数板中的形态

图 3－4　NRB 的生长曲线以及在血球计数板中的形态

3.3.2　腐蚀形貌分析

图 3－5 所示为 X80 钢在无菌和有菌环境中浸泡不同天数后表面产物形貌。无菌环境中，第 7d 和第 14d，试样表面平整、均匀且无明显的腐蚀产物堆叠，仅有少许无机盐散落和暗色的腐蚀产物形成，能谱分析(EDS)结果主要为 Fe 元素和少量 O 元素。表明在无菌环境中，X80 钢在中性土壤模拟液中的腐蚀速率很低，且随着时间推移变化也很小。与无菌环境中的形貌相比，有菌组则截然不同。第 7～14d，试样表面被生物膜覆盖，微观形貌显示主要由大量细菌和 EPS 组成。EDS 结果(图 3－6)表明其主要包含 Fe、O、P 元素，其中 O 和 P 是组成生物蛋白的主要元素。而生物膜中 Fe 含量也较高，这主要是因为腐蚀产物与生物膜掺杂在一起。结果表明，细菌的代谢活动对试样表面的物化状态有明显的影响。

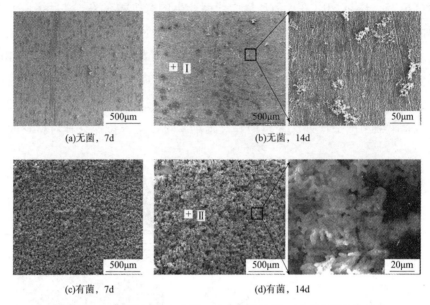

图3-5 X80钢在无菌和有菌环境中浸泡不同天数后表面产物形貌

(a)无菌,7d (b)无菌,14d
(c)有菌,7d (d)有菌,14d

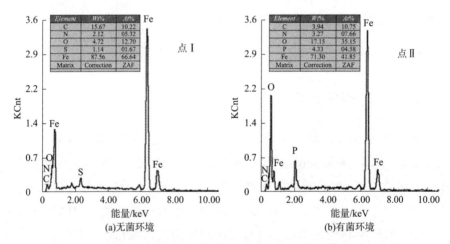

图3-6 X80钢在无菌和有菌环境中浸泡14d后表面产物EDS结果

图3-7所示为X80钢在无菌和有菌环境中浸泡14d后的截面形貌,并使用EDS对截面元素分布进行测试和分析。在无菌环境中,试样表面依旧平整,无明显的孔洞,腐蚀产物层的厚度约为35μm,与基体界面附着性良好。根据EDS结果分析,其主要成分为Fe的氧化物。在无菌的中性pH环境中,碳钢腐蚀速率很小,通常会生成菱铁矿($FeCO_3$)等物质。在有菌环境中,金属基体有明显的凹坑和孔洞,产物层厚度约为25μm,内部有明显的细菌存在。通过EDS结果发现,

产物层主要包括 Fe、C、O、P 元素，表明产物层不仅含有 EPS 和细菌，同时也有 Fe 的氧化物，生物膜和腐蚀产物交织在一起，这与表面形貌观察结果相一致。通过二者截面结果对比表明，细菌的生理活动在一定程度上降低了腐蚀产物层的厚度和稳定性，并加速了均匀腐蚀和局部腐蚀的进程。

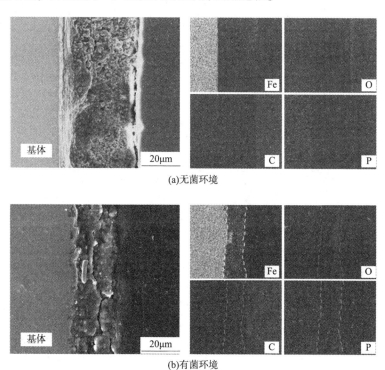

(a)无菌环境

(b)有菌环境

图 3 - 7　X80 钢在无菌和有菌环境中浸泡 14d 后截面形貌

图 3 - 8 所示为 X80 钢在无菌和有菌环境中浸泡不同天数去除表面产物后的形貌。无菌环境中，试样在浸泡 7d 后试样表面无明显的腐蚀痕迹，在浸泡 14d 后试样表面出现个别的局部腐蚀形貌，进一步观察可以看出有些许微小的蚀坑，充分表明试样表面主要为均匀腐蚀，且腐蚀程度轻微，仍有样品预处理时的打磨痕迹；在有菌环境中，试样在第 7d 时有些许局部腐蚀坑出现，而在第 14d 后蚀坑数量明显增加，蚀坑直径约为 40μm，试样表面已无打磨痕迹，表明细菌的作用同时加速了均匀腐蚀和局部腐蚀。

随后，利用 CLSM 对无菌和有菌环境中浸泡 14d 除锈后试样表面进行三维形貌观察，结果如图 3 - 9 所示。在无菌环境中，试样表面蚀坑数目较少，最大深度为 3.437μm；而在有菌环境中，蚀坑数目密集，腐蚀较为严重，同时可以看出其表面发生了显著的均匀腐蚀。结果表明：NRB 不仅影响 X80 钢在溶液介质中产物的形态，同时也对腐蚀形貌、腐蚀速率有密切的作用。

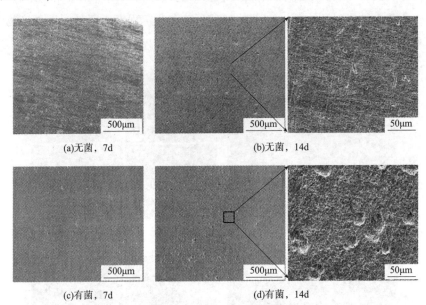

(a)无菌，7d (b)无菌，14d

(c)有菌，7d (d)有菌，14d

图 3-8　X80 钢在无菌和有菌环境中浸泡不同天数去除表面产物后的形貌

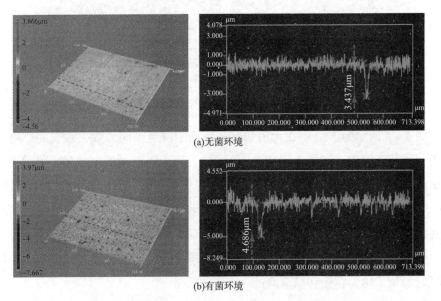

(a)无菌环境

(b)有菌环境

图 3-9　X80 钢在无菌和有菌环境中浸泡 14d 去除表面产物后三维形貌

3.3.3 电化学行为

（1）EIS 分析

微生物对腐蚀的影响本质上是其生理活动干扰了试样表面的电化学行为。在上述实验结果的基础上，通过电化学手段进一步探究了细菌对 X80 钢的腐蚀行为影响。EIS 是一种对试样界面动力学过程进行完整检测和几乎无损的电化学测试手段，因此利用该测试方法对不同天数下试样表面的电化学特征进行表征，结果如图 3 – 10 所示。在无菌环境中，奈奎斯特（Nyquist）图显示其容抗弧半径逐渐变大，对应伯德（Bode）图中的模值逐渐增大，表明腐蚀速率逐渐降低，且相位角峰值不断升高，这主要是由于腐蚀产物层的不断积累而形成的；而在有菌环境中，容抗弧半径和模值的变化同样呈现类似的趋势，表明腐蚀速率也是逐渐降低的，相位角峰值也呈现不断升高趋势，但相位角并不完整，这与生物膜的作用导致的腐蚀产物层并不密实有关。进一步对比其模值的大小，有菌环境中的模值在相同条件下略小于无菌环境，结合形貌数据分析可知，有菌环境中有更明显的局部腐蚀形貌，表明有菌环境中的腐蚀速率更大。

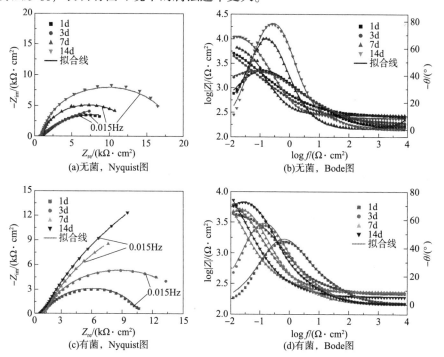

图 3 – 10 X80 钢在无菌和有菌环境中浸泡 1d、3d、7d 和 14d 的 Nyquist 图和 Bode 图

用等效电路对上述不同培养条件下的 EIS 结果进行拟合,拟合电路和拟合参数分别如图 3 – 11 和表 3 – 2 所示。由于电极表面的不均匀性,采用常相位角元件 Q 代替电容或电阻。其中 R_s 为溶液电阻;Q_c 为腐蚀产物与生物膜混合的电容;R_p 为孔隙电阻;Q_{dl} 和 R_{ct} 分别为双电层电容和电荷转移电阻。其导纳 Y_{CPE} 和阻抗 Z_{CPE} 分别为:

$$Y_{CPE} = Y_0(j\omega)^n \qquad (3-1)$$

$$Z_{CPE} = Y_0^{-1}(j\omega)^{-n} \qquad (3-2)$$

式中,Y_0 为 CPE 振幅;j 为虚数单位;ω 为角频率;n 为 CPE 指数($0 < n < 1$)。

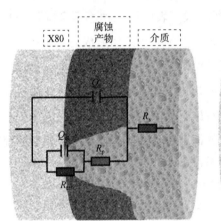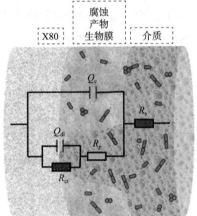

(a)无菌环境中EIS等效电路图　　　　　(b)有菌环境中EIS等效电路图

图 3 – 11　X80 钢在无菌和有菌环境中 EIS 等效电路图

表 3 – 2　X80 钢在无菌和有菌环境中浸泡不同天数后 EIS 拟合结果

时间/ d	R_s/ $(\Omega \cdot cm^2)$	Q_c/ $(\Omega \cdot s^n \cdot cm^2)$	R_p/ $(\Omega \cdot cm^2)$	Q_{dl}/ $(\Omega \cdot s^n \cdot cm^2)$	R_{ct}/ $(k\Omega \cdot cm^2)$
无菌					
1	80.11 ± 0.25	$(5.03 \pm 0.54) \times 10^{-4}$	29.13 ± 0.09	$(1.05 \pm 0.25) \times 10^{-3}$	21.77 ± 0.09
3	62.00 ± 0.36	$(1.13 \pm 0.18) \times 10^{-4}$	91.95 ± 0.16	$(2.15 \pm 0.61) \times 10^{-3}$	22.72 ± 0.07
7	86.87 ± 0.11	$(2.01 \pm 0.19) \times 10^{-3}$	130.9 ± 0.14	$(1.16 \pm 0.54) \times 10^{-3}$	25.74 ± 0.11
14	64.89 ± 0.21	$(1.51 \pm 0.22) \times 10^{-3}$	156.9 ± 0.24	$(2.13 \pm 0.22) \times 10^{-3}$	27.81 ± 0.21
有菌					
1	56.03 ± 0.51	$(9.59 \pm 0.55) \times 10^{-4}$	48.49 ± 0.06	$(1.28 \pm 0.11) \times 10^{-3}$	14.45 ± 0.12
3	57.7 ± 0.95	$(2.31 \pm 0.65) \times 10^{-3}$	50.30 ± 0.12	$(2.94 \pm 0.15) \times 10^{-3}$	17.02 ± 0.15
7	58.74 ± 0.56	$(6.17 \pm 0.35) \times 10^{-3}$	55.77 ± 0.08	$(5.97 \pm 0.20) \times 10^{-3}$	20.31 ± 0.09
14	50.80 ± 0.84	$(4.75 \pm 0.41) \times 10^{-3}$	64.19 ± 0.09	$(3.68 \pm 0.31) \times 10^{-3}$	23.36 ± 0.10

从表3-2中可以看出，无菌环境中R_p值随浸泡时间的增加而增大，说明腐蚀产物层的不断积累使电阻值增大，而有菌环境中R_p的变化幅度较小。这主要是由于细菌的生理活动不断影响腐蚀产物的稳定性，在初期生物膜不断增多且腐蚀产物因细菌的活动而减少，二者达到平衡状态；后期伴随着细菌的消亡，腐蚀产物层呈稳定状态。

在EIS研究中，$R_{ct}+R_p$值可以反映腐蚀速率，通常值越高，说明腐蚀速率越低。在无菌环境中，$R_{ct}+R_p$值随着浸泡时间的延长逐渐增大，表明腐蚀速率逐渐减小；在有菌环境中，该值也逐渐增大，但数值小于相同浸泡时间的无菌结果，表明腐蚀速率大于无菌环境。较为明显的是有菌环境中第1d和第3d的$R_{ct}+R_p$值比无菌环境中小许多，表明细菌对腐蚀的初期影响作用更大，而后期可能会由于生物膜的形成，以及环境中营养物质的减少、代谢产物的增多恶化了生存环境。有菌环境中的Q_{dl}值均高于无菌环境，这与试样表面生物膜的形成，以及蚀坑的形成密切相关。

图3-12所示为X80钢在无菌和有菌环境中浸泡不同天数后的动电位极化曲线测试结果。可以看出，有菌和无菌环境中最大的区别在阳极反应，有菌环境中在第3d后出现了阻碍阳极反应的特征，这主要是由于生物膜和腐蚀产物的共同作用。在电位约为-0.3V处出现电流峰值Ⅰ是生成了$Fe(OH)_2$和$FeCO_3$两种物质导致的。电位的正移，Fe_2O_3和Fe_3O_4的存在导致约在0.14V处出现电流峰值Ⅱ。第7d的电流峰值略有差别，这主要是细菌活跃度和生物膜导致的。为了更直观地分析腐蚀的各个参数，进一步对动电位极化曲线进行拟合，腐蚀电流密度（i_{corr}）和腐蚀电位（E_{corr}）如表3-3所示。

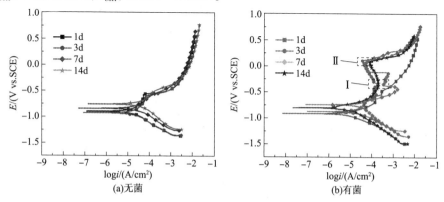

图3-12 X80钢在无菌和有菌环境中浸泡1d、3d、7d、14d动电位极化曲线

表 3-3　X80 钢在无菌和有菌环境中浸泡不同天数后动电位极化结果

时间/d	E_{corr}/mV	i_{corr}/(μA/cm^2)	β_a/(mV/dec)	β_c/(mV/dec)
无菌				
1	-891.91	6.79	137.9	127.7
3	-916.79	7.76	118.3	124.1
7	-837.58	9.64	149.7	108.8
14	-742.41	17.49	126.4	178.5
有菌				
1	-919.39	5.10	96.3	119.5
3	-892.54	13.32	249.3	113.5
7	-741.32	13.18	178.1	158.1
14	-811.13	17.35	129.7	104.5

在无菌环境中，i_{corr} 呈逐渐增大趋势，表明腐蚀速率随着浸泡时间的延长逐渐减小。在有菌环境中，i_{corr} 在第 1d 相较无菌的略小约 1.69μA/cm^2，而在第 3d 和第 7d 则明显大于无菌，至第 14d 则又相似，表明在整个浸泡周期，细菌除了在适应期(第 1d)以及衰亡期(第 14d)对腐蚀影响较小外，其他时间均对 X80 钢腐蚀有促进作用。另外，观察腐蚀电位二者均呈整体正移的特征，这主要是腐蚀产物或生物膜在试样表面堆积导致的。结果表明：细菌对 X80 钢腐蚀有促进作用，这与形貌观察的结果相吻合。

(2)浓差腐蚀分析

上述实验结果证实了 NRB 对 X80 钢的腐蚀有促进作用，尤其是前 3d 的作用更为显著，而 pH 的监测结果表明在中性 pH 环境中细菌并不会分泌大量有机酸影响腐蚀，因此有必要探索其中间代谢产物对腐蚀的影响。如图 3-13 所示，当左右两个腔室电流 0.5d 平衡后，在 WE1 腔室加入细菌，可以发现其电位由 -0.68V 正移至 -0.61V 并在之后保持小幅变化，同时电流绝对值增加约 50μA，之后在第 2d 逐渐减小，至第 4d 后趋于 0。在对电位电流监测的同时，定期从两个腔室内抽取少量溶液用以检测各离子含量。结果为硝酸盐含量在含菌腔室中逐渐减少，至第 5d 已趋于 0，而在无菌腔室内却没有变化，同样地，亚硝酸盐含量在有菌腔室内在第 2d 增大至 6mmol/L，之后下降至 0。因此，我们认为细菌的硝酸盐还原作用使得环境中的硝酸盐减少，亚硝酸盐增多，从而影响了电位和电流的变化。

为了进一步证实上述猜想，针对亚硝酸盐的影响作用进行了同样的实验。待两个腔室内电流平衡后，在腔室 WE1 中加入亚硝酸盐，电位由 $-0.68V$ 正移至 $-0.62V$ 后整体保持不变，而电流绝对值增大至 $30\mu A$ 之后保持不变。同时对硝酸盐和亚硝酸盐含量检测发现，两个腔室各自含量均未发生明显变化。结合电子的流向，本次实验可以证实亚硝酸盐在一定程度上减缓了试样的腐蚀速率，但需要保证亚硝酸盐浓度在环境中是均匀的，否则会引发如实验所示的浓差腐蚀，从而加剧局部腐蚀。在有菌环境中，细菌通过自身代谢会将硝酸盐还原为亚硝酸盐，随后亚硝酸盐会进一步代谢为铵盐。因此在有菌环境中，亚硝酸盐并不是长期存在的，只是 NRB 的中间代谢产物，这也解释了电流绝对值先增大后减小的原因。

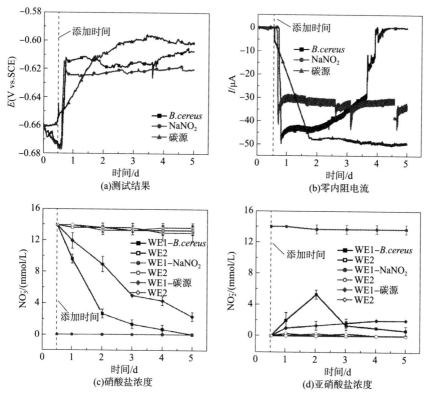

图 3-13 不同实验条件下腔室 WE1 中试样电位

上述结果表明：细菌的中间代谢产物亚硝酸盐会引发浓差腐蚀，而细菌在碳饥饿胁迫下是否会加剧或减缓这一情况，也是需要考虑的。随后在含 WE1 的腔室内不添加任何有机物并接种细菌，结果如图 3-13 所示。同样在两端电流平衡后，细菌被接种进 WE1 腔室，其电位由 -0.66V 经 3d 缓慢正移至 -0.60V，而电流绝对值也缓慢增大至 50μA。硝酸盐含量在腔室 WE1 内逐渐减少，同时亚硝酸盐含量在腔室 WE2 内略有增大。从电流 - 时间图可以发现，碳饥饿胁迫下的电流总量大于其他两种情况，表明细菌对腐蚀的影响不仅与形成的浓差电池有关，同时也与其胞外电子传递有关。

3.3.4 腐蚀产物分析

实验中采用 XPS 技术分析了在有菌和无菌环境中浸泡 5d 后试样表面的产物层化学成分，以此探究引发浓差腐蚀的原因。无菌和有菌环境中高分辨 Fe 元素和 N 元素 XPS 光谱结果如图 3 - 14 所示。在无菌环境中，Fe $2p_{3/2}$ 峰包含 Fe - N (706.7eV)、Fe(met)(707.4eV) 和 $FeCO_3$(711.6eV) 3 个分峰，其中 Fe - N 为有机物与 Fe 的作用，Fe(met) 的存在表明腐蚀产物层很薄，金属基体被识别，而 $FeCO_3$ 是由于环境介质中存在碳酸氢盐。N 1s 峰主要为有机物分峰($C_xH_yNO_z$) 和

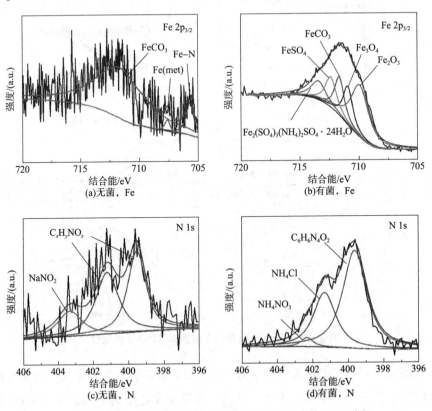

图 3 - 14　X80 钢在无菌和有菌环境中浸泡 5d 后的 XPS 分析

$NaNO_2$(403.1eV)，其中微量的 $NaNO_2$ 是由于试验操作过程中光的催化分解作用而形成的。在有菌环境中，Fe $2p_{3/2}$ 峰主要包含 Fe_3O_4(710.7eV)、Fe_2O_3(710.1eV)、$FeCO_3$(711.6eV)、$FeSO_4$(712.1eV)和 $Fe_2(SO_4)_3(NH_4)_2SO_4 \cdot 24H_2O$(714.2eV)等分峰，其中 Fe_3O_4 和 Fe_2O_3 与亚硝酸盐的氧化密切相关。$FeSO_4$ 和 $Fe_2(SO_4)_3$ $(NH_4)_2SO_4 \cdot 24H_2O$ 是环境介质中含有硫酸盐在细菌的影响下而生成的。N 1s 峰主要由 $C_6H_6N_4O_2$(399.5eV)、NH_4Cl(401.3eV)和 NH_4NO_3(402.3eV)3 个分峰组成，其中 $C_6H_6N_4O_2$ 为典型的细胞分裂素，NH_4Cl 和 NH_4NO_3 是细菌的硝酸盐还原作用成铵盐。因此，无菌和有菌环境中试样表面成分的不同表明细菌的代谢过程改变了反应过程。

3.4　分析与讨论

3.4.1　硝酸盐还原菌代谢产物腐蚀影响

NRB 作为一种兼性厌氧菌，可以在有氧时利用溶解氧（DO）作为细胞呼吸作用的电子受体维持生存与繁殖，而在无氧或微氧时可以通过还原硝酸盐或亚硝酸盐代替氧分子作为呼吸代谢的电子受体。在碳饥饿胁迫下或通过荧光探针认为 NRB 利用 EET 可以从金属表面摄取电子，然而根据测量所获取的电流值差别表明，电子传递所影响的电流并非很大，因此关于 NRB 的代谢产物是否也影响腐蚀过程鲜有报道。

腐蚀形貌和电化学测试表明无氧环境中 NRB 加速了 X80 钢的腐蚀，浓差电池实验和化学成分测试证实了亚硝酸盐在其中的作用。研究发现，亚硝酸盐可以作为氧化剂与金属铁发生反应生成较为稳定的 $\gamma - Fe_2O_3$，从而在一定程度上缓解腐蚀进程。XPS 结果表明：试样表面生成了 Fe_2O_3 物质，这也解释了在动电位极化过程中阻碍阳极反应的原因。而在实际环境中，细菌形成的生物膜并不均匀，因而也会导致硝酸盐还原以及亚硝酸盐氧化发生的程度不同，形成成分不均的腐蚀产物层，从而引发更为明显的局部腐蚀。细菌在产生质子动态电位的过程中，细胞膜可以向周围质子放电，导致内部 pH 变得很低，从而实现硝酸盐的还原反应。相关反应如式（3-3）~式（3-8）所示。

$$① Fe^0 \longrightarrow Fe^{2+} + 2e^- \tag{3-3}$$

$$②Fe^{2+} + HCO_3^- \longrightarrow FeCO_3 + H^+ \qquad (3-4)$$

$$③Fe^{2+} + 2H_2O \longrightarrow 3Fe(OH)_2 + 2H^+ \qquad (3-5)$$

$$④NO_3^- + 2H^+ + 2e^- \longrightarrow NO_2^- + H_2O(生物性) \qquad (3-6)$$

$$⑤2Fe^{2+} + 2NO_2^- + 2OH^- \longrightarrow 2NO + \gamma - Fe_2O_3 + H_2O \qquad (3-7)$$

$$⑥3Fe^{2+} + 3NO_2^- + 2OH^- + e^- \longrightarrow 3NO + Fe_3O_4 + H_2O \qquad (3-8)$$

在无菌和有菌环境中的浓差腐蚀机理如图 3-15 所示，其中的化学反应所对应编号见上述公式。在无菌环境中两个腔室之间没有亚硝酸盐浓差时，其反应相同，因此电流会在短暂的波动后逐渐平衡。而在有菌环境中，由于亚硝酸盐的氧化使得其表面电位形成阴极区，而缺少亚硝酸盐的表面则形成阳极区加速腐蚀。同时，碳饥饿胁迫实验表明细菌的硝酸盐还原作用依靠 EET 加剧这一情况，因此 NRB 不仅可以通过中间代谢产物的作用形成浓差电池，同时也可通过 EET 引发腐蚀。

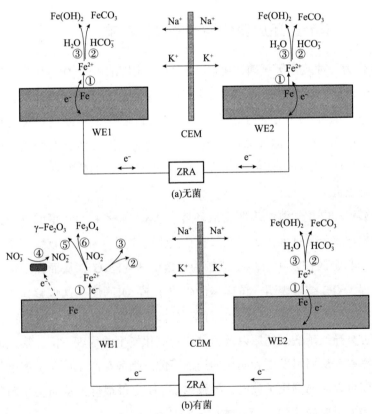

图 3-15　浓差电池中 X80 钢在无菌和有菌环境中的腐蚀机理

3.4.2　硝酸盐还原菌电子传递腐蚀影响

高浓度的亚硝酸盐可以在一定程度上抑制腐蚀，而浓度不均匀则会引发浓差腐蚀。NRB 在碳饥饿胁迫下，相同的亚硝酸盐浓度所引发的电流通量高于无菌的情况，表明细菌的 EET 也是不可忽略的因素，因此有必要探究其 EET 与中间代谢产物亚硝酸盐在引发浓差腐蚀中各自的贡献。

不同浓度差的亚硝酸盐在有菌和无菌环境中对 X80 钢失重差的影响结果如表 3-4 所示。从中可知：随着亚硝酸盐浓度差的增大，有菌和无菌环境中的失重差值也逐渐增大，对测量数据进行拟合分析，结果如图 3-16 所示。拟合结果表明：在无菌培养基中，随着亚硝酸盐浓度的增加，失重差增大，斜率为 1.44，充分说明不同浓度亚硝酸盐所引发的浓差腐蚀程度是不同的。同时，根据对试样表面实验结果的观察，当亚硝酸盐差值为 10mmol/L 时，试样在含有亚硝酸盐的腔内几乎没有腐蚀。因此，我们认为在中性 pH 的环境中，10mmol/L 的亚硝酸盐浓度差是引发最大失重差的最少剂量。在有菌环境中，随着亚硝酸盐浓度差值的增加，失重差值也不断增大，斜率为 0.93。研究发现，有菌环境中的斜率低于无菌，但在亚硝酸盐浓度差小于 4.5mmol/L 时失重差值却比无菌时大，表明此时细菌 EET 引发腐蚀占主导作用；而当其浓度差大于 4.5mmol/L 时，由亚硝酸盐引发的浓差电池则占主导作用。

表 3-4　有菌和无菌环境中不同亚硝酸盐浓度差对 X80 钢失重差的影响

WE1 - WE2 浓度差/ （mmol/L）	WE1 - WE2 失重差/mg					
	无菌			有菌		
1	7	10	11	9	12	11
3	11	14	6	13	14	10
6	14	19	16	14	15	17
10	17	28	22	17	19	21

亚硝酸盐浓度的高低对腐蚀有重要的影响，当其在环境介质中浓度均匀的条件下，高浓度表现为减缓腐蚀，低浓度为均匀腐蚀，当其有浓度差时则加速局部腐蚀。在不同的环境中，其高低浓度并无统一标准。上述实验结果分析认为，NRB 在亚硝酸盐浓度差小于 4.5mmol/L 时引发腐蚀的机理 EET 占主导作用，为了进一步探究该理论，采用 0.1g(1.1mmol/L) 硝酸钠作为环境介质中的硝酸盐，

在不同含量碳源的条件下，观察细菌对电流－时间的影响。

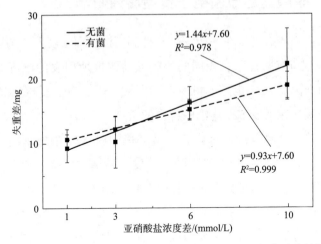

图 3－16　有菌和无菌环境中不同亚硝酸盐浓度差对 X80 钢失重差的拟合结果

　　如图 3－17 所示，不同含量碳源下，电流绝对值均出现增大现象，表明不同含量碳源对细菌的生理代谢有重要的影响。随着碳源含量的增多，相同时间内的电流通量减少，表明在碳源越充足的环境中，细菌对金属的腐蚀影响越小。研究表明，在碳源充足的环境中，浮游在溶液中的细菌更多，而在碳饥饿的情况下，细菌则更倾向于吸附在钢表面。因此，细菌在碳饥饿胁迫下可通过 EET 加剧腐蚀。

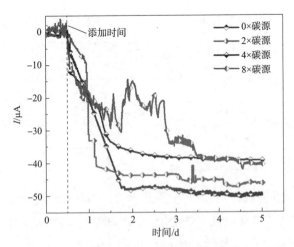

图 3－17　不同含量碳源下细菌对 X80 钢腐蚀电流－时间曲线

3.5　小结

（1）相比无菌环境，NRB 改变试样表面的物化状态，增大 X80 钢的均匀腐蚀速率和局部腐蚀风险，失重结果表明这一情况在试验前 7d 尤为明显。

（2）NRB 的中间代谢产物亚硝酸盐可导致试样表面生成具有缓蚀作用的 γ – Fe_2O_3，X80 钢表面浓度不均的亚硝酸盐易形成浓差腐蚀电池，在 10mmol/L 浓差范围内（基础值为 0mmol/L，下同），X80 钢失重速率随亚硝酸盐浓度差的增加呈增大趋势。

（3）当 X80 钢表面亚硝酸盐浓度差大于 4.5mmol/L 时，浓差腐蚀为 X80 钢的主要腐蚀机理；而当其小于 4.5mmol/L 时，则 NRB 的 EET 为主要腐蚀机理，碳饥饿实验证实了这一结论。

第4章 管线钢硫酸盐还原菌 应力腐蚀规律研究

4.1 引言

通常情况下，管道在由内压、残余应力和地质运动等因素引入的复杂应力环境下服役。腐蚀环境和拉伸应力的耦合作用可导致管线钢的 SCC。SCC 是影响管线安全与可靠性运行的一个重要因素。在过去的几十年，应力对管线钢腐蚀的影响已被大量报道。Gutman 建立的力学－化学交互作用理论被广泛接受，用于解释弹性及塑性应变作用下对金属的机械电化学效应。Xu 和 Cheng 认为在近中性 pH SCC 环境中，轴向弹性应力对管线钢腐蚀的影响并不显著，表面腐蚀产物的沉积可以抵消静态弹性应力导致的管线钢腐蚀活性的轻微升高。但 Fang 等发现，长时间弹性应力作用会诱发近中性 pH SCC，SCC 裂纹萌生于点蚀坑底部。目前，酸性环境中的管线钢 SCC 行为与机制报道较少。虽然，通常通过应用阴极保护和涂层对管道进行腐蚀防护，然而涂层剥离往往使裸露钢基体与环境直接接触，管道腐蚀经常发生在涂层剥离的影响区域。剥离涂层下的腐蚀环境与本体土壤环境相比具有诸多特异性，例如：地下水和腐蚀性介质渗入涂层剥离区通过复杂过程形成了一层薄液膜环境；剥离涂层下存在着物质扩散梯度和电位梯度等，微区环境组分差异较大；局部化学/电化学过程较为复杂。因此，对于剥离涂层下的管线钢 SCC 进行研究具有重要意义。

由于几何限制，滞留在剥离涂层下方缝隙中的溶液受到的环境条件影响与外部不同；剥离涂层下形成的厌氧密闭空间有利于 SRB 生长与成膜。已有研究报道，SRB 生物膜严重加速了剥离涂层下管线钢的腐蚀。Fatehi 等发现，SRB 生理代谢产生的硫化物降低了溶液电阻，从而降低了剥离涂层区域的保护电位，对管线钢的腐蚀过程具有重要影响。近期 Samanbar 等也强调了 SRB 可以促进缝隙内的腐蚀。然而，缝隙内的环境条件，特别是与本体溶液的相互作用对缝隙内管线钢的腐蚀具有重要作用。从公开发表的文献来看，关于管线钢的 SCC 和 SRB 腐蚀已进行了大量研究。然而，两者耦合作用下剥离涂层下管线钢的腐蚀行为却被工程技术人员和科技工作者所忽略。事实上，管线钢总是服役在应力和 SRB 同时存在的环境中。现场实践和实验室研究均表明，应力和 SRB 共同作用对管线钢 SCC 的扩展有重要影响。吴堂清研究表明，SRB 生理活动和应力的相互作用提高了管线钢力学 – 化学效应敏感性，也是管线钢"菌致开裂"的首要原因。目前，SRB 生理活动和应力耦合作用对剥离涂层下管线钢腐蚀行为研究少有报道。

本章通过实验室自制模拟剥离涂层试验装置，结合电化学测试、微生物和表面分析技术研究涂层大面积剥离情况下管线钢微生物应力腐蚀行为，旨在揭示剥离涂层下管线钢腐蚀过程中 SRB 生理活动和应力的交互作用。

4.2 研究方法

4.2.1 实验材料

实验所用的配合模拟剥离涂层装置的恒载荷实验样品如图 4 – 1 所示，工作面积为 20mm × 5mm，并逐级打磨至 800#，丙酮和乙醇清洗后冷风吹干，紫外线杀菌，干燥箱中保存备用。

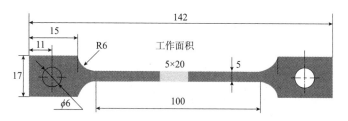

图 4 – 1　恒载荷实验样品尺寸(mm)

使用有限元分析软件(ANSYS 19.0)对弹性载荷作用下管线钢的应力和应变分布进行分析。作用在试样上的弹性载荷为 522MPa，为 X80 钢屈服强度的 90%。弹性载荷作用下拉伸试样的 von Mises 应力分布如图 4 – 2 所示。这表明试件处于弹性变形状态，试样工作表面承受均匀的应力分布。

采用 EBSD 对腐蚀试验后未受力和受力 X80 钢试样的微观结构进行精细表征，统计分析结果如图 4 – 3 所示。根据反极图(Inverse Pole，IP)，受力前后 X80 钢的晶粒取向呈随机分布，没有明显织构。晶粒取向散布图(Grain Orientation Spread，

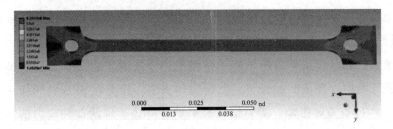

图 4 - 2　0.9 $\sigma_{0.2}$ 弹性载荷作用下拉伸试样的 von Mises 应力分布

GOS)显示了晶粒大部分的变形情况和数值峰值。实际上，GOS 值随着晶粒中弹性应变水平的增加而增加。对比受力前后的 GOS 图[图 4 - 3(b)和图 4 - 3(e)]可以看出，施加弹性应力作用后应变较高的晶粒(深色)比例增加。同一区域的平均取向差(Kernel Average Misorientation，KAM)图[图 4 - 3(c)和图 4 - 3(f)]，显示了样品表面均匀的残余应变。当施加 0.9 $\sigma_{0.2}$ 的应力时，两个相均变形。未受力试样的 KAM 值高于受力试样，说明施加弹性应力作用后 X80 钢试样存在较高的残

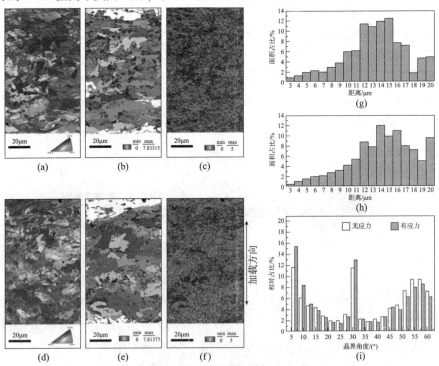

图 4 - 3　X80 钢显微组织的电子背散射衍射分析结果

(a)(d)IPF；(b)(e)GOS 图；(c)(f)KAM；其中(a) ~ (c)为实验前未受力样品，
(d) ~ (f)为施加 0.9 $\sigma_{0.2}$ 弹性应力后样品；(g)为未受力样品的晶粒大小统计图；
(h)为受力样品的晶粒大小统计图；(i)为未受力样品和受力样品的晶界角度分布

余应力。对比晶粒大小统计结果[图4-3(g)和图4-3(h)]可以看出，施加弹性应力试样的平均晶粒尺寸(6.7μm)略高于未受力试样的平均晶粒尺寸(5.9μm)。对受力前后样品的晶界角度分布进行统计，如图4-3(i)所示，未受力试样和施加$0.9\sigma_{0.2}$应力的试样晶界角度存在明显变化，施加$0.9\sigma_{0.2}$应力后，小角度晶界(<10°)的比例显著升高。以上结果表明：长期弹性应力作用对X80钢的微观结构具有影响，表现为晶粒发生变形，引入高的残余拉应力，提高了小角度晶界比例。

4.2.2　实验装置

图4-4所示为实验室搭建的模拟剥离涂层应力腐蚀原位监测装置示意。底

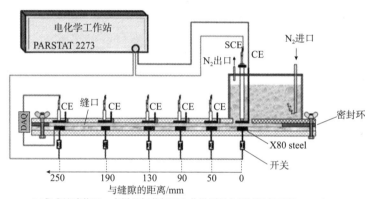

(a)集成缝隙装置、多样品加载架和电化学测量的测试设备示意

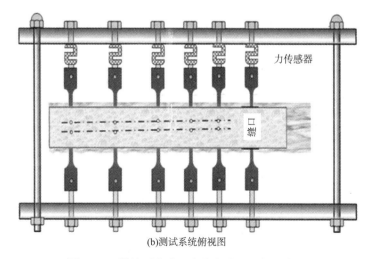

(b)测试系统俯视图

图4-4　模拟剥离涂层应力腐蚀原位监测装置

板、顶部上盖板和聚四氟乙烯密封垫板一起形成一个剥离裂缝。通过垫片将缝隙的间隙距离调整为4mm。在距板外缘290mm处的板材一端创建尺寸为20mm×50mm的开口，以模拟涂层剥离点。装置底板中沿模拟剥离方向设置6个试件，并用硅橡胶填充间隙，与缝口的距离分别为0mm、50mm、90mm、130mm、190mm和250mm。环境池上6个工作电极均设有对应的参比电极和辅助电极用来进行电化学测试，在缝口处安装石墨电极以对电极施加交流电干扰。在实验之前，所有拉伸试件同时缓慢加载至$0.9\sigma_{0.2}$。在实验过程中，由于钢材处于弹性加载阶段，需要反复加载以获得稳定值。所有工作电极通过平行导线连接，以模拟实际服役过程中钢的真实状态。

4.3 研究结果

4.3.1 弹性静载作用下细菌生长特性

图4-5所示为在14d实验周期内对剥离涂层下缝口及缝隙内不同位置的浮游SRB计数结果。在本实验中，SRB生长曲线在剥离涂层下不同位置表现出相似的演变趋势。接种第1d，剥离涂层下所有位置的浮游SRB数量约为2×10^7个/mL。随后，剥离涂层缝口及缝隙内SRB保持指数式增长，可以观察到更多的浮游SRB。剥离涂层不同位置的浮游SRB数量在第2d或第3d后达到生长峰值。随着培养时间的延长，由于营养物质的不断消耗，SRB数量呈下降趋势。14d后，缝口和缝隙中的SRB细胞数量仍然很高，约为10^6个/mL。施加弹性应力实

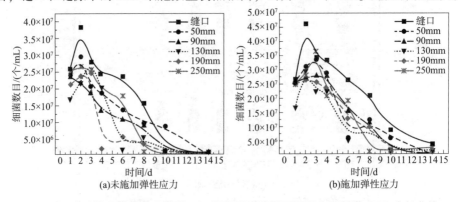

图4-5　在酸性土壤溶液中培养14d期间剥离涂层下不同位置浮游SRB生长曲线

验组的 SRB 计数结果如图 4 -5(b)所示，类似地，SRB 生长曲线在剥离涂层下不同位置表现出相似的演变趋势。但是，施加应力条件下不同位置的 SRB 数量明显高于未受力条件下的 SRB 数量。这说明弹性应力不仅对管线钢的腐蚀产生影响，同时局部电化学活性的提高有可能对 SRB 的生长代谢过程具有一定的促进作用。

为了观察 SRB 生理状态和成膜情况，对在接种 SRB 的酸性红壤浸出溶液中实验 14d 后 X80 钢试样表面上的活/死细菌进行荧光染色观察，活细菌和死细菌的荧光图像如图 4 -6 所示，其中绿色(图中用 + 指示)和红色(图中用 × 指示)分别表示活细胞和死细胞。实验 14d 后，在剥离涂层下 X80 钢表面膜上都可观察到大量活的和死的 SRB，且活的 SRB 数量明显大于死的 SRB 数量。此外，从膜层结构看，剥离涂层缝口处试样表面形成的 SRB 生物膜比在剥离涂层缝隙中形成

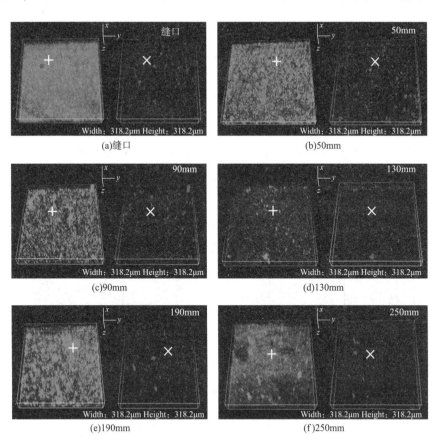

(a)缝口　　　　　　　　　　　　(b)50mm

(c)90mm　　　　　　　　　　　　(d)130mm

(e)190mm　　　　　　　　　　　　(f)250mm

图 4 -6　剥离涂层下不同位置 X80 钢在接种 SRB 的
酸性红壤浸出溶液中浸泡 14d 后表面图像

的 SRB 生物膜活性更强。如图 4-6(a)所示,在剥离涂层缝口试样上的整个表面观察到大量的活 SRB,且形成了较厚的生物膜层。然而,剥离涂层缝隙中试样表面的 SRB 生物膜虽然覆盖了整个样品表面,但是成膜较薄[图 4-6(b)~(f)],这是由于剥离涂层缝隙内营养物质较为贫乏,导致实验期间 SRB 生理活性较弱。结果表明:剥离涂层下存在 SRB 浓度梯度与生理状态差异,缝口处 SRB 生理活性强,生物膜较厚。

4.3.2 弹性静载作用下电化学分析

图 4-7 所示为在 14d 的实验期间 X80 钢浸泡在接菌酸性红壤溶液中受力和未受力样品的开路电位随时间的演化规律。可以看出,实验初期剥离涂层下所有试样的开路电位差距不大,开路电位随着浸泡时间而逐渐负移。此外,在整个实验测试期间剥离涂层缝口试样的开路电位与缝隙内试样的开路电位相比较正,这说明剥离涂层下存在较大的局部电化学差异,实验初期这种差异是由局部微环境造成的,而随着实验时间的进一步延长,SRB 在试样表面成膜,试样上形成更多腐蚀产物,也会导致局部电位增加。对比应力条件下可以看出,受力试样的电位比未受力试样的电位更负,剥离涂层下负向偏移更大,这是管线钢 SCC 研究中报道的普遍现象。根据 Gutman 的机械-电化学效应理论,外加应力影响电极材料的电极电位,拉应力会降低金属的电极电位,增加材料腐蚀敏感性。以前的大量报道都集中在近中性 pH SCC 和高 pH SCC 环境中的研究。本实验中,施加外加应力后,X80 钢在酸性接菌红壤溶液中的开路电位都出现了不同程度的负移。因此,酸性红壤环境中的管线钢 SCC 也表明出明显的机械-电化学效应。

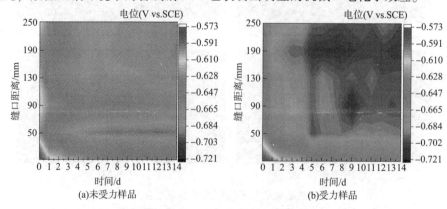

图 4-7 X80 钢浸泡在接菌酸性红壤溶液中实验 14d 期间
未受力和受力样品的开路电位随时间的演化规律

图 4 – 8 所示为 14d 实验期内剥离涂层下 X80 钢的线性极化电阻 R_p 随剥离距离的演化趋势。R_p 与腐蚀速率呈负相关关系。可以看出，在整个实验过程中，剥离涂层缝口试样的 R_p 值最小，表明腐蚀速率最大；随着剥离深度的逐渐增加，试样的 R_p 值逐渐增大，当距离缝口位置 130mm 时，R_p 达到最大值。而当剥离距离进一步增大时，缝隙内试样的 R_p 值保持不变或者下降，这也说明剥离涂层下存在局部电化学差异，而该差异与 SRB 生长代谢、离子浓度梯度、电位梯度等密切相关。施加弹性应力作用后，剥离涂层缝口及缝隙内 X80 钢的 R_p 值均大幅降低，这表明腐蚀速率大大增加。此外可以观察到，剥离涂层下缝口试样和缝隙内试样的 R_p 值差距并不明显，并未观察到明显的梯度变化趋势，这表明应力效应大大提高了剥离涂层缝口及缝隙内管线钢的局部电化学敏感性。

从时间演变趋势来看，未受力试样的 R_p 值在第 7d 的所有位置达到峰值，第 14d 又进一步下降。这与 SRB 的生理活动有关。SRB 在表面成膜，活性生物膜在实验初期对腐蚀具有一定的抑制作用，而在实验后期随着生物膜活性的逐渐降低，对管线钢的腐蚀又具有较强的加速作用。

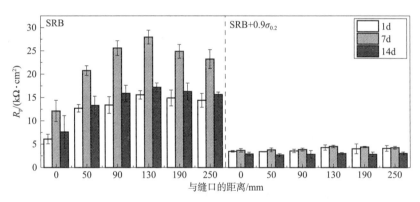

**图 4 – 8 在接菌酸性红壤溶液中 14d 实验期内剥离涂层下
X80 钢的线性极化电阻 R_p 随剥离距离的演化趋势**

在接菌酸性红壤溶液中浸泡 14d 内未施加应力样品和施加应力样品的电化学阻抗谱如图 4 – 9 所示。可以看出，剥离涂层下未施加应力样品和施加应力样品所有 Nyquist 图表现出相同的特征。在所有条件下都可以观察到容抗弧，未观察到扩散特征，这表明 X80 钢处于活性溶解状态，剥离涂层下 X80 钢的电化学过程处于电荷转移控制下。未施加应力样品的阻抗值非常大，这表明在该环境下 X80 钢的腐蚀速率较低；当 SRB 和应力同时存在时，酸性红壤浸出溶液中剥离涂层缝口和缝隙内的 X80 钢阻抗值均下降了 3 ~ 5 倍，腐蚀速率进一步提高。阻抗值下降同时体现了 SRB 生理活动和外加应力的共同作用。这表明弹性应力加速了剥离涂层下酸性红壤环境中 X80 钢的腐蚀。

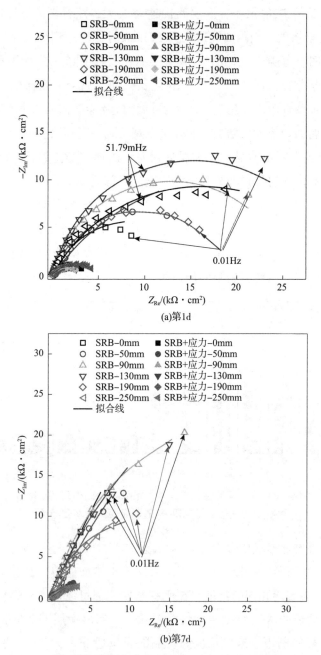

(a)第1d

(b)第7d

图 4-9　接菌酸性红壤浸出液中浸泡 14d 内未施加应力样品和施加应力样品的电化学阻抗谱 Nyquist 图

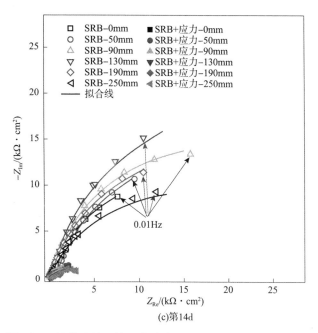

(c)第14d

图4-9　接菌酸性红壤浸出液中浸泡14d内未施加应力样品
和施加应力样品的电化学阻抗谱 Nyquist 图(续)

为了进一步对电化学阻抗谱进行解析，获得溶液电阻、膜层电阻、电荷转移电阻与极化电阻等信息，使用图4-10所示的等效电路 $R_s(Q_{bc}(R_{bc}(Q_{dl}R_{ct})))$ 对 EIS 图谱进行拟合。考虑在接种 SRB 的酸性红壤溶液中，X80 钢表面生成的包括腐蚀产物和生物膜的复合膜层，采用双时间常数模型对钢/膜/溶液界面的反应阻抗数据进行拟合。在该等效电路图中，R_s、R_{bc} 和 R_{ct} 分别表示溶液电阻、腐蚀产物和生物膜电阻以及电荷转移电阻。Q_{bc} 表示生物膜和腐蚀产物膜的电容、Q_{dl} 表示双电层电容的恒相位角元件(CPE)，拟合结果列于表4-1和表4-2中。可以看出，该等效电路图具有较小的拟合误差，能很好地对 EIS 数据进行拟合。双层电容(C_{dl})根据 Brug 方法从 Q_{dl} 获得，膜层电容(C_{bc})由 Hsu 和 Mansfeld 方法从 Q_{bc} 值获得。

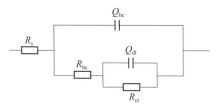

图4-10　EIS 数据拟合等效电路图

表4-1 接菌酸性红壤浸出溶液中浸泡14d内未施加应力样品的电化学阻抗谱图拟合参数

SRB

位置	时间/d	R_s/$(\Omega \cdot cm^2)$	Q_{bc} (Y_0/S $s^n \cdot cm^2$)	n	C_{bc} with H–M/$(F \cdot cm^2)$	R_{bc}/$(\Omega \cdot cm^2)$	Q_{dl} (Y_0/S $s^n \cdot cm^2$)	n	R_{ct}/$(\Omega \cdot cm^2)$	C_{dl} with Brug/$(F \cdot cm^2)$	x^2
缝口	1	132	5.7×10^{-5}	0.74	1.84×10^{-6}	187	5.18×10^{-7}	0.84	1.35×10^{4}	8.32×10^{-8}	2.205×10^{-4}
	7	180	2.5×10^{-6}	0.85	2.57×10^{-7}	226	5.60×10^{-4}	0.85	2.90×10^{4}	3.73×10^{-4}	3.262×10^{-4}
	14	201	9.3×10^{-6}	0.64	1.37×10^{-8}	265	6.81×10^{-4}	0.82	2.76×10^{4}	4.39×10^{-4}	2.638×10^{-4}
50mm	1	167	1.2×10^{-4}	0.76	6.93×10^{-6}	898	1.86×10^{-4}	0.75	2.06×10^{4}	5.83×10^{-5}	9.055×10^{-4}
	7	225	9.4×10^{-5}	1	9.40×10^{-5}	719	5.09×10^{-4}	0.82	4.94×10^{4}	3.16×10^{-4}	2.617×10^{-4}
	14	168	2.1×10^{-4}	0.73	9.16×10^{-6}	1606	3.78×10^{-4}	0.89	3.47×10^{4}	2.69×10^{-4}	3.070×10^{-4}
90mm	1	67	4.4×10^{-5}	1	4.40×10^{-5}	442	7.91×10^{-5}	0.70	2.83×10^{4}	8.36×10^{-6}	2.849×10^{-4}
	7	79	1.5×10^{-4}	0.84	2.80×10^{-5}	849	2.32×10^{-4}	0.93	5.10×10^{4}	1.72×10^{-4}	3.961×10^{-4}
	14	66	2.0×10^{-4}	0.79	2.08×10^{-5}	1096	1.80×10^{-4}	0.97	3.46×10^{4}	1.57×10^{-4}	2.024×10^{-4}
130mm	1	64	4.5×10^{-5}	0.49	1.35×10^{-9}	53	1.27×10^{-4}	0.92	4.01×10^{4}	8.36×10^{-5}	3.738×10^{-4}
	7	93	3.2×10^{-4}	0.88	1.07×10^{-4}	99	4.24×10^{-4}	0.78	8.76×10^{4}	1.70×10^{-4}	1.143×10^{-4}
	14	106	3.5×10^{-4}	0.84	7.69×10^{-5}	109	4.13×10^{-4}	0.80	6.70×10^{4}	1.89×10^{-4}	1.393×10^{-4}
190mm	1	113	1.3×10^{-4}	0.73	4.75×10^{-6}	47	2.51×10^{-5}	1	1.97×10^{4}	2.51×10^{-4}	6.555×10^{-4}
	7	106	1.3×10^{-4}	0.99	1.19×10^{-4}	191	3.42×10^{-4}	0.83	2.40×10^{4}	1.73×10^{-4}	2.013×10^{-4}
	14	107	1.2×10^{-4}	0.98	9.98×10^{-5}	98	3.68×10^{-4}	0.78	3.61×10^{4}	1.48×10^{-4}	4.035×10^{-4}
250mm	1	68	6.5×10^{-5}	0.58	6.04×10^{-8}	141	6.25×10^{-5}	0.84	2.90×10^{4}	2.21×10^{-5}	3.014×10^{-4}
	7	29	7.6×10^{-7}	1	7.60×10^{-7}	53	2.78×10^{-4}	0.69	3.98×10^{4}	3.19×10^{-5}	4.590×10^{-4}
	14	57	2.0×10^{-5}	0.66	7.59×10^{-8}	230	9.12×10^{-5}	0.90	2.95×10^{4}	5.08×10^{-5}	2.061×10^{-4}

表4-2　接菌酸性红壤浸出溶液中浸泡14d内施加应力样品的电化学阻抗谱图拟合参数

应力+SRB

位置	时间/d	R_s/($\Omega \cdot cm^2$)	Q_{bc} (Y_0/S $s^n \cdot cm^2$)	n	C_{bc} with H-M/($F \cdot cm^2$)	R_{bc}/($\Omega \cdot cm^2$)	Q_{dl} (Y_0/S $s^n \cdot cm^2$)	($F \cdot cm^2$)	R_{ct}/($\Omega \cdot cm^2$)	C_{dl} with Brug/($F \cdot cm^2$)	χ^2
缝口	1	60	9.0×10^{-7}	0.99	7.82×10^{-7}	187	5.88×10^{-7}	0.70	3502	7.21×10^{-9}	2.973×10^{-4}
	7	32	4.3×10^{-7}	1	4.30×10^{-7}	203	1.61×10^{-3}	0.60	5858	2.22×10^{-4}	1.146×10^{-4}
	14	24	3.8×10^{-7}	1	3.80×10^{-7}	195	1.57×10^{-3}	0.62	4513	2.10×10^{-4}	8.139×10^{-4}
50mm	1	24	6.3×10^{-7}	1	6.30×10^{-7}	98	6.99×10^{-7}	0.61	3120	6.16×10^{-10}	2.380×10^{-4}
	7	109	2.4×10^{-4}	0.98	2.02×10^{-4}	85	1.92×10^{-3}	0.63	4147	7.55×10^{-4}	6.656×10^{-4}
	14	111	1.1×10^{-3}	0.72	7.78×10^{-5}	432	1.21×10^{-3}	0.73	3384	5.69×10^{-4}	8.123×10^{-4}
90mm	1	14	6.1×10^{-4}	0.45	7.18×10^{-8}	38	1.04×10^{-4}	1	3917	1.04×10^{-4}	8.311×10^{-4}
	7	29	6.1×10^{-4}	0.31	4.27×10^{-11}	21	1.26×10^{-3}	0.73	7400	3.70×10^{-4}	1.747×10^{-4}
	14	36	6.3×10^{-4}	0.39	6.21×10^{-9}	54	1.24×10^{-4}	0.98	4816	1.11×10^{-4}	7.785×10^{-4}
130mm	1	16	4.5×10^{-4}	0.41	6.87×10^{-9}	62	6.81×10^{-5}	0.93	3970	4.07×10^{-5}	9.491×10^{-4}
	7	40	8.3×10^{-4}	0.36	2.77×10^{-9}	118	1.10×10^{-4}	0.91	6385	6.43×10^{-5}	1.801×10^{-4}
	14	14	8.9×10^{-4}	0.37	5.69×10^{-9}	56	1.65×10^{-4}	0.84	7317	5.19×10^{-5}	2.630×10^{-4}
190mm	1	26	2.9×10^{-7}	1	2.90×10^{-7}	166	6.16×10^{-4}	0.52	3428	1.35×10^{-5}	1.990×10^{-4}
	7	74	8.8×10^{-4}	0.44	1.14×10^{-7}	729	6.88×10^{-4}	0.80	5653	3.26×10^{-4}	1.509×10^{-4}
	14	51	4.1×10^{-7}	1	4.10×10^{-7}	84	1.34×10^{-3}	0.46	1823	5.56×10^{-5}	8.623×10^{-4}
250mm	1	77	2.1×10^{-4}	0.37	1.15×10^{-10}	306	6.12×10^{-5}	0.82	5534	1.88×10^{-5}	2.353×10^{-4}
	7	207	1.4×10^{-4}	0.71	3.73×10^{-6}	599	7.80×10^{-4}	0.59	4804	2.13×10^{-4}	7.324×10^{-4}
	14	200	1.8×10^{-4}	0.70	4.47×10^{-6}	695	8.07×10^{-4}	0.77	2488	4.57×10^{-4}	1.627×10^{-4}

R_p是极化电阻，可由式(4-1)计算得出：

$$R_p = (Z_F)_{\omega=0} = \left(\frac{1}{Y_F}\right)_{\omega=0} \qquad (4-1)$$

对于两个时间常数，R_p 是 R_{bc} 和 R_{ct} 的总和，即 $R_p = R_{bc} + R_{ct}$。图 4-11 所示为未施加应力试样和施加应力试样的 R_p 值随涂层剥离深度的演化规律。可以看出，剥离涂层下 X80 钢的 R_p 值随时间的变化呈现出类似的趋势。剥离涂层缝口处观察到最小 R_p 值，R_p 随着剥离深度的增加而增大，在距离缝口 130mm 处达到最大值，随着涂层剥离深度的进一步增加，R_p 值又进一步降低，然后保持相对稳定，这表明 X80 的电化学反应过程受到剥离涂层的抑制。此外，在实验第 7d，未施加应力试样和施加应力试样的 R_p 值相对较高，这归因于局部环境的演变和腐蚀产物层的形成。在第 14d，未施加应力试样和施加应力试样的 R_p 值又进一步降低，这表明在实验后期 SRB 对腐蚀具有加速作用。剥离涂层下施加弹性应力试样的 R_p 值远低于未施加弹性应力的 R_p 值，表明 SRB 诱导的 MIC 和应力腐蚀之间的协同作用加速了钢的腐蚀。值得注意的是，与线性极化规律一致，施加弹性应力后，剥离涂层下不同位置的 X80 钢的 R_p 值没有明显的差异，这也表明应力效应大大提高了剥离涂层缝口及缝隙内管线钢的局部电化学敏感性。

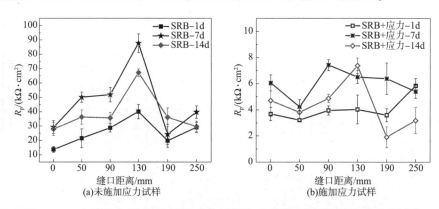

图 4-11 未施加应力试样和施加应力试样的 R_p 值随涂层剥离深度的演化规律

4.3.3 弹性静载作用下腐蚀产物分析

图 4-12 所示为在接种 SRB 的酸性红壤溶液中测试 14d 后，剥离涂层下不同位置的未施加应力和施加应力下试样表面产物膜的 SEM 形貌。相应的 EDXA 分析结果如表 4-3 所示。未施加弹性应力时，连续均匀的腐蚀产物层覆盖在样品

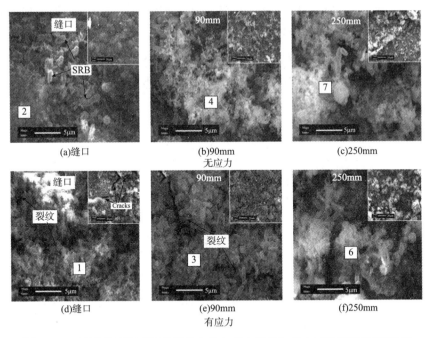

图4-12　剥离涂层下不同位置的未施加应力和施加应力试样在接种SRB的
酸性红壤溶液中测试14d后去除表面产物膜的SEM形貌

表面，少许白色团簇状分布其中，并可以观察到大量的SRB。剥离涂层缝口及附近试样表面形成的腐蚀产物膜比较致密，缝口处观察到一些蘑菇状凸起形貌的腐蚀产物。然而，对于剥离涂层缝隙内部的试样，腐蚀产物则变得疏松且不连续，表面可以观察到被簇状腐蚀产物覆盖及大量的SRB。表4-3中相应的EDXA分析数据表明，剥离涂层下不同位置的试样表面产物膜主要由元素O、Si、S、P和Fe组成。元素S的形成表示与SRB生理活性有关，这与4.3.2节SRB腐蚀研究观察结果一致。在施加应力下，在剥离涂层缝口试样表面上形成的产物膜也很致密，并且在缝隙区域中变得较为疏松，这与未施加应力结果一致。但主要有两点不同：首先，施加弹性应力作用后，剥离涂层缝口及缝隙内部试样表面上的腐蚀产物均明显增多。其次，可以看出施加应力试样表面上存在一些微裂纹，这些微裂纹可能来自外部弹性应力对膜层产生的内应力。因此，外加弹性应力作用下，SRB腐蚀产物膜层机械结构及力学性能的改变也是管线钢腐蚀加速的主要原因。EDXA分析结果与未施加应力试样的结果相似，值得注意的是，施加弹性应力作用后剥离涂层缝口试样表面腐蚀产物中S含量增高了1倍，而剥离涂层缝隙内试样表面S含量变化并不明显。决定土壤溶液中元素S含量的是SRB生理活动，本结果可以合理地推测外加应力通过改变 SRB 生理活动影响酸性土壤溶液中剥离涂层缝口管线钢 SRB 腐蚀过程。

表 4 – 3 剥离涂层下不同位置的 X80 钢在接种 SRB 的酸性红壤溶液中测试 14d 后表面产物膜的 EDXA 分析结果

样品	位置	元素/%（质量分数）					
		O	Si	P	S	Cl	Fe
无应力	2(缝口)	16.7	2.0	2.2	2.8	—	76.3
	4(90mm)	20.3	1.6	10.4	0.7	—	67
	7(250mm)	17.0	2.4	5.6	1	5.77	68.23
有应力	1(缝口)	16.8	5.4	5.7	4.2	—	67.9
	3(90mm)	16.5	1.2	13.1	1.5	—	67.7
	6(250mm)	9.1	1.9	9.1	0.7	2.6	76.6

图 4 – 13 所示为在接种 SRB 的酸性红壤溶液中测试 14d 后，剥离涂层下不同位置的未施加应力和施加应力试样去除表面产物膜的 SEM 形貌。未施加应力试样表面均观察到大量 SRB 腐蚀造成的点蚀坑。点蚀在剥离涂层缝口处最为严重，剥离涂层缝隙内部的点蚀比缝口处要轻，且随着涂层剥离深度的增加而逐渐降低。在剥离涂层缝口试样上可观察到一些点蚀坑逐渐融合形成较大的点蚀坑，而在距缝口 250mm（涂层剥离深部）的试样表面仅观察到一些细小的点蚀

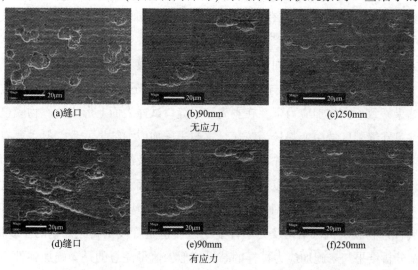

(a)缝口　　　　　(b)90mm　　　　　(c)250mm
无应力

(d)缝口　　　　　(e)90mm　　　　　(f)250mm
有应力

图 4 –13 剥离涂层下不同位置的未施加应力和施加应力试样在接种 SRB 的酸性红壤溶液中测试 14d 后去除表面产物膜的 SEM 形貌

坑[图4-13(c)]。施加弹性应力作用后，受力试样表面的局部腐蚀比未施加应力试样表面的局部腐蚀严重得多，在应力试样上可以观察到的点蚀坑形貌发生了明显变化，圆形点蚀坑变为椭圆形蚀坑。这些蚀坑平行于加载方向生长，并且在蚀坑两端形成微裂纹，表明这些蚀坑的形成受到弹性应力的影响。剥离涂层下缝隙中的钢腐蚀严重程度随着与涂层剥离距离的增加而逐渐降低。结果表明：外加弹性应力增加了管线钢在酸性红壤环境中的机械-生物电化学效应，加快了点蚀的发展速率并改变了点蚀形貌。

图4-14所示为在接种SRB的酸性红壤溶液中测试14d后，对剥离涂层不同位置的未施加应力试样和施加应力试样表面最大点蚀坑3D形态成像结果，相应地，最大蚀坑深度测量结果如图4-15所示。在缝口处试样观察到最大的点蚀坑深度，约为7μm；剥离涂层缝隙内试样的最大点蚀坑深度略小于缝口试样，且随

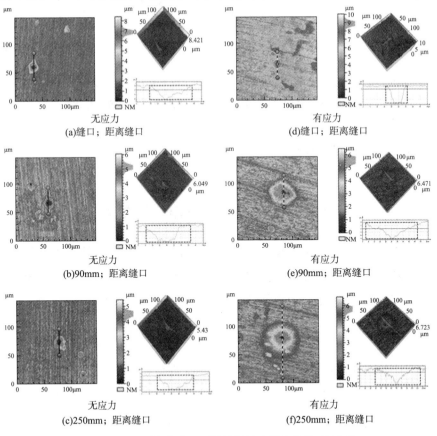

图4-14 剥离涂层下不同位置的试样在接种SRB的
酸性红壤溶液中测试14d后去除腐蚀产物表面最大点蚀坑形貌

着涂层剥离深度的增加而逐渐减小。在涂层剥离底部（距缝口处 250mm），最大点蚀坑深度降至 4.4μm。对于施加弹性应力试样，缝口处的最大凹坑深度为 8.5μm，是未施加弹性应力试样的 1.2 倍。剥离涂层缝隙内试样的最大点蚀坑深度也大于相同位置处未施加应力试样的点蚀坑。结果表明：施加的弹性应力加剧了 X80 钢在剥离涂层下的点蚀，应力对点蚀过程的主要影响为改变点蚀形貌，导致点蚀底部应力集中及电化学活性提高。

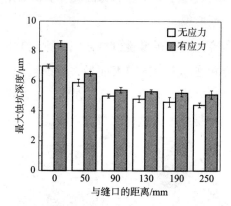

图 4 – 15 剥离涂层下不同位置的未施加应力和施加应力试样在接种 SRB 的酸性红壤溶液中测试 14d 后表面最大点蚀坑深度统计结果

4.4 分析与讨论

4.4.1 剥离涂层下力学 – 微生物电化学效应

1967 年，Gutman 提出了应力 – 电化学交互作用理论，弹性应力增强了钢的机械 – 电化学活性。根据该理论，钢的电化学热力学活性可以通过平衡电化学电位的变化来反映（$\Delta\varphi_0$），表达式如下：

$$\Delta\varphi_0 = -\frac{\Delta P V_m}{zF} \qquad (4-2)$$

式中，F 为法拉第常数；ΔP 为超压，Pa；z 为电子转移数；V_m 为摩尔体积，m^3/mol。在本研究中，$V_m = 7.18 \times 10^{-6} m^3/mol$；$z=2$。$\Delta P$ 等于施加弹性应力的 1/3。根据式（4-2）计算的理论电位变化，$\Delta\varphi_0$ 为 – 6.47mV。显然，在拉应力的作用下，钢的平衡电化学电位为负，这表明钢的电化学热力学活性增加。因此从理论上看，施加的弹性应力增加了管线钢的腐蚀敏感性。

从本文研究结果来看，施加弹性应力作用后剥离涂层下管线钢的腐蚀进一步加速，剥离涂层下不同位置处的管线钢腐蚀速率并无明显差异，但未施加应力时缝口处试样的腐蚀速率明显高于缝隙内试样。这说明，施加弹性应力作用后剥离涂层缝口与缝隙内存在较大的局部机械－电化学效应差异。对剥离涂层下 X80 钢的平衡电化学电位进行分析，结果如图 4－16 所示。可以看出，施加弹性应力试样在缝口附近的局部电位比缝隙内部局部电位更正。这是由于生物膜的形成和致密腐蚀产物的积累影响剥离涂层下的电位分布。在封闭剥离涂层下，缝口区域和缝隙内部之间的钢表面局部电化学性质存在差异。剥离涂层下不同位置处 X80 钢电位变化 $\Delta\varphi_0$ 的理论值和实验值均小于 0，表明弹性应力提高了剥离涂层下 X80 钢的局部机械－电化学活性。然而，剥离涂层缝口附近的 $\Delta\varphi_0$ 略高于理论值 $-6.47\mathrm{mV}$，而缝隙中试样的 $\Delta\varphi_0$ 低于理论平衡电位变化值。这主要是由于缝口处试样表面生成了较厚且致密的产品膜层，腐蚀产物膜的形成对弹性应力导致的管线钢腐蚀活性的轻微升高具有"抵消效应"。因此，剥离涂层下弹性应力对缝口附近管线钢的影响不明显，该结论与 Xu 等的研究结果一致。

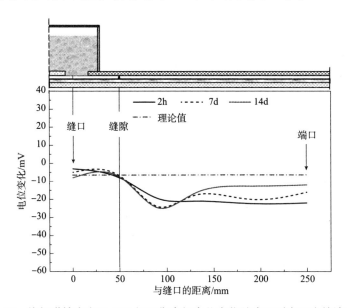

图 4－16 施加弹性应力下 X80 钢平衡电极电位变化随涂层剥离深度的演变趋势

4.4.2 弹性载荷对硫酸盐还原菌腐蚀影响

SRB 计数结果表明，弹性应力作用条件下的 SRB 数量高于未施加弹性应力组的 SRB 数量，这表明弹性应力对 SRB 生理活性有影响。之前大量的研究关注到 SRB 提升了管线钢的机械 – 电化学活性，但并未关注到机械 – 电化学活性的升高对 SRB 生理代谢的影响。事实上，SRB 生理活动过程是一个从环境中获取电子的阴极过程，活性 SRB 具有直接从碳钢表面获取电子还原硫酸盐为硫化物从而获取能量的能力。也就是说，管线钢机械 – 电化学活性的升高可能对 SRB 的生理代谢产生影响，加速的阳极溶解反应可能会促进 SRB 的生长代谢。在弹性应力下，阳极铁氧化可以产生更多的 Fe^{2+}，溶液中 Fe^{2+} 的增加也会加速 SRB 的生长与代谢。

应力对 SRB 腐蚀的影响还体现在产物膜层及表面形貌变化上。FeS 是 SRB 腐蚀的主要产物。腐蚀产物中 FeS 的存在提高了产物膜层的导电性，该膜层可以作为促进电子转移的中间体。因此，硫化物（阴极）和钢基体（阳极）之间形成电偶，这可能会加剧剥离涂层下阳极反应过程。Lee 等也报道了 FeS 含量升高会加快钢的腐蚀速率。而应力对腐蚀产物膜形貌演变具有重要影响。从腐蚀产物膜的 SEM 图可以看出，在弹性应力的作用下，试样表面形成了一些微裂纹，这些裂纹为腐蚀性离子（HS^-、Cl^-）提供了通道与钢基体直接接触，从而进一步加剧腐蚀。点蚀是 SRB 腐蚀的主要形式。施加弹性应力作用下 X80 钢的点蚀变得更加严重。应力作用下表面局部腐蚀形貌的演变对钢的腐蚀过程具有重要影响。试样的表面形貌与原子质量传输有关，施加的弹性应力可以通过改变表面自由能触发这种传输。这种现象可以根据钢的微观结构来解释。X80 钢由铁素体和珠光体组成，它们具有不同的电位。铁素体由于电位较低而优先溶解，这进一步提高了表面粗糙度。粗糙度的升高导致试样表面的弹性能分布不均匀。在弹性变形期间，机械因素主导了表面行为。因此，在施加的弹性应力下，钢试件的表面粗糙度进一步提高。此外，点蚀坑尺寸的增加提高了点蚀边界的应力集中，从而导致裂纹萌生。图 4 – 17 所示为应力作用下点蚀形貌的演变机制。在没有应力的情况下，试件表面会形成一些圆形凹坑，而施加拉应力后由于应力集中，裂纹优先在这些点蚀坑的位置萌生。圆形点蚀坑演变为唇形点蚀坑。随着腐蚀的进一步加深，这些唇形凹坑逐渐变成椭圆形。对于半椭圆表面缺陷，应力强度因子计算公式如下：

$$K_{sf} = 1.1\sigma \sqrt{\frac{\pi a}{Q}} \qquad (4-3)$$

式中，a 为缺陷的大小；σ 为施加的应力；Q 为形状因子。剥离涂层下，点蚀的最大深度随着涂层剥离距离的增加而减小。因此，缝口处点蚀坑的应力集中比缝隙内点蚀的应力集中更严重。综上所述，应力和 SRB 耦合作用下管线钢机械 – 生物电化学效应提高可以通过以下三种途径：①应力促进 SRB 生长，提高钢的电化学热力学活性；②应力破坏了腐蚀产物膜的机械性能；③增强电偶腐蚀和点蚀的协同效应，导致加速腐蚀。

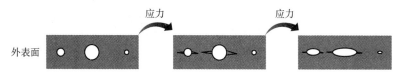

图 4 – 17　酸性红壤环境中施加弹性应力载荷 X80 钢表面点蚀形貌演变示意

4.5　小结

（1）设计了模拟涂层大剥离情况下的剥离涂层加载阵列电极实验装置，研究了外加弹性静载作用下涂层剥离下 X80 钢在酸性红壤环境中局部环境演化及 SRB 腐蚀行为。

（2）开路电位结果表明，SRB 和外加弹性应力作用提高了剥离涂层下管线钢电化学活性，尤其是剥离涂层缝隙内部。LPR 监测结果表明，SRB 和外加应力加速了剥离涂层下管线钢的 SRB 腐蚀。

（3）外加弹性应力不仅破坏了管线钢表面腐蚀产物的完整性，而且促进了 SRB 的生理活动。施加弹性应力作用后腐蚀产物表面出现微裂纹，变得疏松；剥离涂层下 SRB 数量进一步增加，两种作用共同促进管线钢的腐蚀。

（4）施加弹性应力条件下改变了剥离涂层下管线钢的"局部点蚀"形貌，由应力集中引发点蚀处形成微裂纹，进而改变裂纹扩展方向，使管线钢局部腐蚀开裂敏感性提高。

第 5 章　管线钢硝酸盐还原菌应力腐蚀规律研究

5.1　引言

SCC 是与局部腐蚀和外部应力有关的一种环境辅助开裂形式，目前公认的腐蚀机理为阳极溶解和氢脆。在实际复杂的土壤环境中，如微生物的存在，会使 SCC 机理分析更为困难。研究表明，SRB 不仅可以提高腐蚀速率，同时也对 SCC 有促进作用。Wu 等对 SRB 环境中管线钢的应力腐蚀研究发现，SRB 促进硫酸盐向硫化物的转化引发局部腐蚀，在应力的作用下形成微裂纹，且诱导二次点蚀的发生。Lv 等研究表明，SRB 加速了氢对钢的渗透，从而导致 SCC 敏感性增大。关于 SRB 对 SCC 的影响机制，既有阳极溶解也有氢致开裂。相较于 SRB 可以产生 H_2S 等促进钢铁腐蚀或加速氢渗透的气体，NRB 的最终产物为铵盐或氨气，仅对铜合金有 SCC 促进作用。在阴极保护电位范围，Permeh 等对海洋中钢片施加阴极电位，结果表明：在 $-1000mV(CSE)$ 左右的阴极极化下，细菌增殖并未受到抑制，腐蚀仍在污垢包裹层下的局部区域继续。

在湖泊环境中，NRB 生物膜的形成在膜厚度、生物量和营养物质富集等方面都十分明显。氨是由生物膜中反硝化过程产生的，硝酸盐还原可能导致氨的平均浓度超过阈值，从而引起 SCC。溶解氧和硝酸盐离子等氧化物质的存在也会加速铜合金在氨溶液中的 SCC。有报道称，含氨环境中溶解氧和硝酸盐的存在可促进铜的 SCC。金属表面若发生局部腐蚀，会使得局部应力升高，并成为 SCC 发生的条件。NRB 不仅可以通过中间代谢产物影响腐蚀，同时也可以在低浓度硝酸盐时通过 EET 加速腐蚀。而在土壤环境中，X80 钢的寿命服役不单单与局部腐蚀有关，其所受的应力或阴极电位通常会改变腐蚀进程。因此，研究 NRB 环境中 X80 钢在中性土壤溶液中 SCC 行为和机理，并分析其对 SCC 敏感性的影响，是揭示管线钢 NRB 应力腐蚀规律的重要内容。

5.2　研究方法

5.2.1　实验介质与材料

选用 X80 钢在空气中的应力 - 应变曲线如图 5 - 1 所示，最大屈服强度为 704MPa。实验溶液把原土壤模拟液成分中的硝酸盐含量由原来的 1.0g/L 调整为 0.1g/L，其他成分不变，这主要考虑了我国地下水中硝酸盐的分布含量在 0.001 ~ 0.1g/L 的事实。所有的试样在实验前都经打磨、清洗、紫外照射以及溶液的配制、灭菌和除氧等步骤。

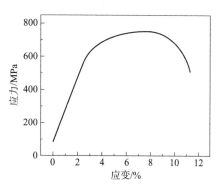

图 5 - 1　X80 钢在空气中的应力 - 应变曲线

电化学测试采用常规的三电极体系，应力状态下工作电极采用 U 弯试样。阴极极化实验分别在 - 0.8V、- 1.0V 和 - 1.2V 电位下对试样极化 3d，随后在相应的阴极电位下测量 EIS。为了观察极化电位对有菌和无菌试样表面的影响，待测试结束后，对试样表面进行固定脱水等处理。快慢扫动电位极化实验是在无菌和有菌环境中分别进行，其扫描范围为 - 1.25 ~ 0V，扫描速率分别为 0.5mV/s 和 50mV/s。

5.2.2　应力腐蚀试验

采用 U 弯试样，分析了 NRB 对恒变形下 X80 钢的腐蚀影响，试样的详细尺寸如图 5 - 2(a) 所示。将试样分别浸泡在有菌和无菌环境中 14d 和 120d，其中 120d 的实验需要每 15d 更换 1 次溶液，以确保细菌活性。

采用 SSRT 实验进一步分析 NRB 对 X80 钢的 SCC 行为的影响，试样尺寸和实验设备如图 5 - 2(b)(c) 所示。试样经密封和无菌处理后安装在密封盒内，随后加入溶液介质。在进行拉伸实验前，将无菌或接种后的装置分别置于 30℃ 的环境中 1d、3d、7d 和 14d，之后固定在 WDML - 30kN 微机控制慢应变速率拉伸试验机上。实验设置预拉伸力为 1000N，拉伸应变速率设为 $1 \times 10^{-6} s^{-1}$。其中在阴极电位下的拉伸实验，需在拉伸前极化相应的天数，且在拉伸过程中保持相同的电位，每种条件的测量至少进行 3 次，以确保结果的重复性和可靠性。

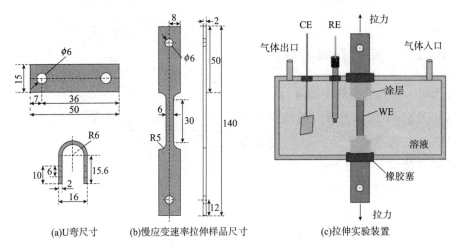

(a)U弯尺寸　　(b)慢应变速率拉伸样品尺寸　　(c)拉伸实验装置

图 5-2　U 弯尺寸、慢应变速率拉伸样品尺寸和拉伸实验装置(mm)

为量化 X80 钢在实验环境中的 SCC 敏感性，选用面缩率损失(I_ψ)作为评价 SCC 敏感性的指标。计算公式如下：

$$I_\Psi = 1 - \frac{\psi_s}{\psi_0} \times 100\% \qquad (5-1)$$

式中，ψ_s 和 ψ_0 分别为在实验环境和原始环境中的面缩率。试样断裂后，切取待观察部位，除锈吹干，并观察试样的断口、侧面和截面裂纹形貌。

采用 Devanathan-Stachurski 双电解槽测量氢渗透电流密度。2 个电解池被 X80 试样隔开，其中试样暴露面积 $A = 1.75\,cm^2$，厚度 $L = 0.04\,cm$，实验装置如图 5-3 所示。实验前对试样的氧化侧面镀镍，在氧化池中充入 0.1mol/L NaOH 溶液，用纯氮气除氧 2h，并密封，之后施加 0.3V 电位，一直到背底电流密度小于 $0.5\mu A/cm^2$。待达到要求后，将无氧的无菌或有菌溶液注入充氢池中并密封。随后分别施加 -0.8V、-1.0V 和 -1.2V 电位并观察氧化池中的电流变化。根据氢渗透电流曲线的差异，氢渗透扩散系数(D)、氢渗透通量(J)、表观氢浓度(C_{app})，可由式(5-2)～式(5-4)计算：

$$D = \frac{L^2}{6\,t_{0.63}} \qquad (5-2)$$

$$J = \frac{I_\square}{FA} \qquad (5-3)$$

$$C_{\mathrm{app}} = \frac{I_\square L}{DFA} \tag{5-4}$$

式中，L 为试样厚度，cm；$t_{0.63}$ 为达到稳态电流密度 63% 数值时所需的时间，s；I_∞ 为氢渗透曲线记录的最大电流，A；F 为法拉第常数，C/mol；A 为试样暴露面积，cm^2。

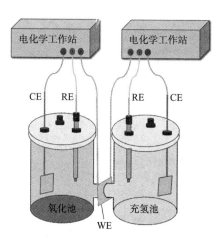

图 5-3 氢渗透实验装置

5.3 研究结果

5.3.1 腐蚀形貌分析

图 5-4 所示为 U 弯顶端在无菌和有菌环境中分别浸泡 14d 和 120d 后的产物形貌和除锈后形貌。可以看出，在无菌环境中，无论是 14d 还是 120d，U 弯顶端均被腐蚀产物层覆盖，通过观察除锈后的腐蚀形貌，发现试样表面并无明显的蚀坑出现。这主要是因为溶液介质为无氧环境，且不含有大量能引发局部腐蚀的侵蚀性离子，如 Cl^- 和 S^{2-} 等，因此仅会发生轻微的均匀腐蚀。在有菌环境中，14d 时试样表面的产物层较为疏松，而 120d 后由于长期的积累，产物层较为致密，同时表面都有大量细菌和胞外分泌物附着。除锈后，发现在 14d 后试样表面有少量局部腐蚀出现，而在 120d 后腐蚀坑的深度更深，数目更多。

上述结果表明：细菌会加速 X80 钢在恒变形下的局部腐蚀，通过对蚀坑底部的细致观察发现细微裂纹的存在。大量裂纹的形成和扩展在恶劣的环境中或机械载荷下更容易实现，在中性 pH 且腐蚀性弱的环境中以及恒变形作用下应力腐蚀敏感性并不明显。虽然该实验并未观察到明显的裂纹扩展形貌，但充分表明细菌可以促进局部腐蚀和微裂纹的发生。

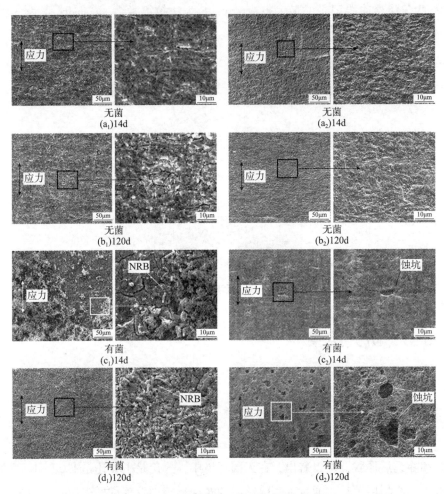

图 5 - 4　U 弯顶端产物形貌和除锈后形貌

5.3.2　电化学行为

为了研究细菌与应力之间的单一和交互作用，绘制了无菌、有菌环境中无、有应力下的 EIS 图，分析其阻抗变化规律，结果如图 5 - 5 所示。由图可知：无菌环境中，试样在无应力和有应力作用下，容抗弧半径均呈先减小后增大的趋势，在第 3d 时相对应的模值均最小，最后分别逐渐增大至第 1d 的水平或更高，但整体相差不大，在无菌环境中处于较为稳定的电化学过程。在有菌环境中，无论是有应力状态还是无应力状态，其容抗弧的半径均分别小于无菌环境，表明细菌环境中促进了腐蚀的发生。而对比有菌环境中的有应力与无应力之间容抗弧的大小，试样在应力状态下的容抗弧半径均小于无应力状态，表明应力可与细菌协同促进腐蚀的发生，这一点从模值也可以得出。同时，相位角峰值随着时间增加向低频移动，表明试样表面的腐蚀产物和生物膜逐渐增多，在一定程度上减缓了腐蚀速率。综上可知，试样在应力状态下的腐蚀速率比无应力下略大，无菌环境中腐蚀较为缓慢和稳定，有菌环境中腐蚀较快且复杂。

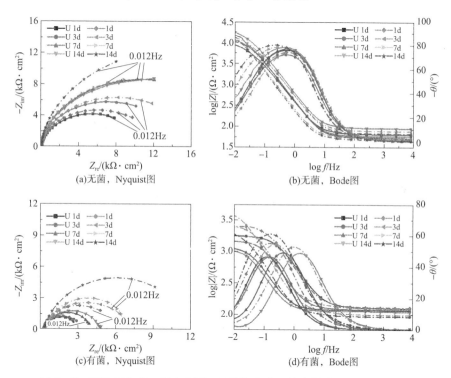

图 5-5　X80 钢在有、无应力下，无菌和有菌环境中浸泡 1d、3d、7d 和
14d 的 Nyquist 图和 Bode 图

　　图 5-6 所示为无菌和有菌环境中 X80 钢快慢扫动电位极化曲线。可以看出，当慢电位扫描时，即 0.5mV/s 时，无菌和有菌环境中的零电流电位约为 −790mV，而为快扫描速率，即 50mV/s 时，零电流电位则分别负移至 −950mV 和 −910mV。当为慢电位扫描速率时，钢表面处于电化学准平衡状态，当速率加快后，由于零电流电位负移，阴极反应受到抑制，电化学反应达到新的准平衡状

态。通过快慢扫动电位的零电流电位将电位分为 3 个区，分别为阳极溶解区、氢脆控制区和二者混合控制区，该理论可用于 SCC 机理的初步分析。为了量化无菌和有菌环境中的腐蚀速率，采用 Tafel 外推法来评估腐蚀电流密度（i_{corr}）。结果表明：无菌和有菌环境中的电流密度分别为 45.23μA/cm² 和 51.6μA/cm²，充分表明有菌环境中的腐蚀速率高于无菌环境。进一步对无菌和有菌环境中慢扫描速率下的阴极极化曲线分析，在混合区和氢脆区的不同电位下，有菌环境的极化电流密度均高于无菌环境，充分证明细菌在阴极极化下也可促进腐蚀的发生。

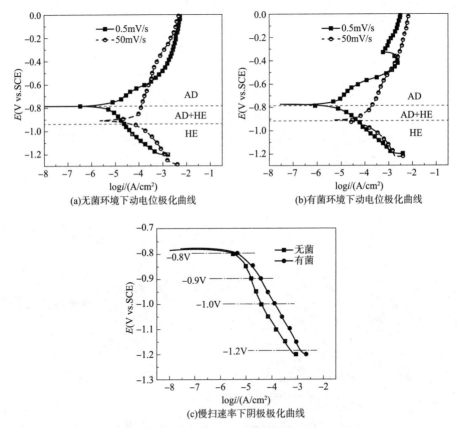

图 5-6 在无菌和有菌环境中 X80 钢在快扫和慢扫速率下动电位极化曲线以及相应慢扫速率下阴极极化曲线对比

结合上述结果，我们采用 EIS 技术分析了 X80 钢在不同阴极电位下无菌和有菌环境中的电化学特性，结果如图 5-7 所示。不同电位下的 Nyquist 图均由容抗弧组成，不同阴极电位下容抗弧的半径不同，表明施加阴极电位对金属表面电极过程有显著影响。随着极化电位负移，相应的模值逐渐减小，说明双电层界面电荷转移电阻值减小，析氢过程成为主要的电极反应。采用 $R_s(Q_c R_p(Q_{dl} R_{ct}))$ 的电路模型对结果进行拟合，各拟合参数代表的意义与之前相同，结果见表 5 – 1。

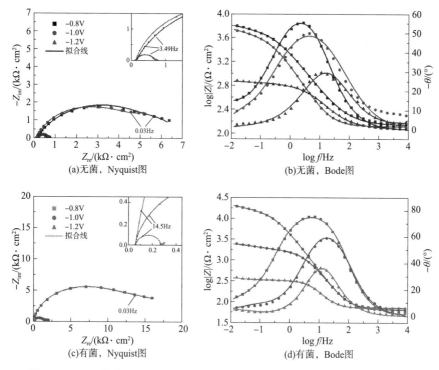

图 5 – 7　X80 钢在无菌和有菌环境中阴极极化 3d 后的 Nyquist 图和 Bode 图

表 5 – 1　X80 钢在无菌和有菌环境中阴极极化 3d 后 EIS 拟合结果

电位/ V	R_s/ ($\Omega \cdot cm^2$)	Q_c/ ($\Omega \cdot s^n \cdot cm^2$)	R_p/ ($\Omega \cdot cm^2$)	Q_{dl}/ ($\Omega \cdot s^n \cdot cm^2$)	R_{ct}/ ($\Omega \cdot cm^2$)
无菌					
0.8	139.8 ± 0.34	1.09 ± 0.36	6063 ± 0.23	94.55 ± 0.81	750 ± 150
1.0	137.7 ± 0.25	1.56 ± 0.42	4060 ± 0.09	14.28 ± 0.31	720 ± 90
1.2	94.62 ± 0.95	1.68 ± 0.62	4131 ± 0.18	1.47 ± 0.51	600 ± 140
有菌					
0.8	100.1 ± 0.31	1.39 ± 0.35	1547 ± 23	23.33 ± 0.55	830 ± 120
1.0	79.09 ± 0.63	1.46 ± 0.27	1332 ± 56	13.57 ± 0.15	630 ± 150
1.2	71.03 ± 0.43	1.45 ± 0.24	1260 ± 81	1.04 ± 0.22	470 ± 140

随着电位的负移，$R_{ct}+R_p$ 值大幅减小，阴极析氢过程逐渐加强，扩散过程成为反应速率控制步骤。进一步对比无菌和有菌环境中的结果，无菌环境中由 $6813\Omega\cdot cm^2$ 下降至 $4731\Omega\cdot cm^2$，而有菌环境中则从 $2377\Omega\cdot cm^2$ 下降至 $1730\Omega\cdot cm^2$，充分表明细菌的存在减小了反应的电阻，增大了腐蚀速率。

5.3.3 应力腐蚀开裂敏感性分析

(1)阴极电位下 SCC 敏感性分析

上述 SSRT 结果表明，在细菌培养 3d 时其 SCC 敏感性最高，因此阴极电位下的 SSRT 均是在相应电位下培养细菌 3d 后进行。上述快慢扫动电位极化结果表明细菌可促进阴极电流，因此分别选取了阳极溶解和氢脆混合区 2 个电位 -0.8V 和 -0.9V，以及氢脆区两个电位 -1.0V 和 -1.2V 作为阴极电位进行后续实验。试样在无菌和有菌环境中不同阴极电位极化 3d 后的 SSRT 结果和 SCC 敏感性如图 5-8 所示。

当施加阴极电位后，试样在无菌和有菌环境中的屈服强度变化较小，但延伸率有所降低，表明施加阴极电位可增大 X80 钢的 SCC 敏感性。随着阴极电位的负移，试样的 I_ψ 逐渐增大，在 -1.2V 时接近55%，且有菌环境中均高于无菌环境，这说明在阴极电位下，细菌依旧增大了 X80 钢的 SCC 敏感性。进一步对比不同阴极电位下 SCC 敏感性增量[图 5-8(f)]可以看出，在 -0.9V 电位下该增量最大。分析认为该电位处于阳极溶解和氢脆混合区，且接近氢脆区，阳极溶解可促进裂纹萌生，氢脆可促进裂纹扩展。在这种情况下，阳极溶解几乎被完全阻碍，但氢的作用已经开始显现。同时在该电位下，细菌的生理活动并不会受到明显抑制，因而在此电位下，活跃的细菌和氢的协同作用使得 X80 钢的 SCC 敏感性增量达到最大。

(2)阴极电位下断口形貌分析

选取典型特征电位 -0.9V 和 -1.2V 在无菌和有菌环境中的断口和侧面形貌进行观察，结果如图 5-9 所示。宏观形貌显示在 -0.9V 时，无菌环境中有颈缩现象，进一步观察其断裂起始处，发现裂纹源形貌呈现小而浅的韧窝，试样以韧性断裂为主；有菌环境中颈缩消失，韧窝减少，出现少许撕裂棱的特征，以脆性断裂为主。而当电位在 -1.2V 时，有菌环境中颈缩现象消失，裂纹源形貌呈现韧窝消失，撕裂棱为主要的特征，表明试样以脆性断裂为主。

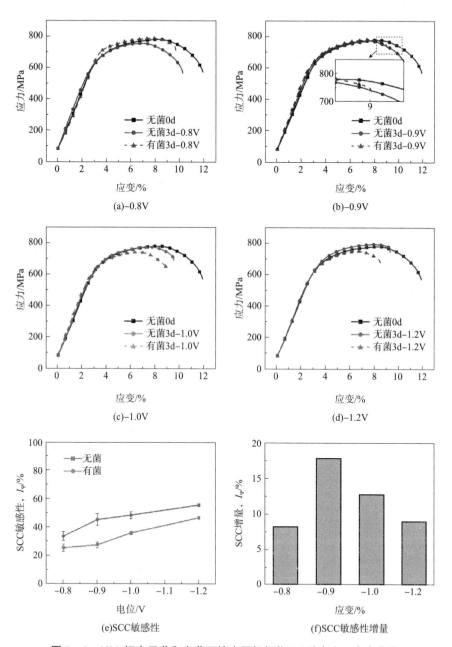

图5-8 X80钢在无菌和有菌环境中阴极极化3d后应力-应变曲线

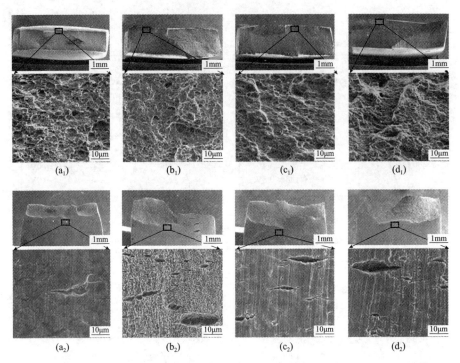

图5-9　X80钢在无菌和有菌环境中阴极极化3d后断口形貌（a：-0.9V无菌，
b：-0.9V有菌；c：-1.2V无菌，d：-1.2V有菌），以及对应侧面形貌

　　侧面形貌为-0.9V时，无菌环境的二次裂纹扩展方向与拉伸方向呈45°，符合韧性断裂特征；而在有菌环境中则显示为平直的裂纹，为脆性断裂特征。在-1.2V时裂纹长且宽，无菌和有菌两种情况裂纹扩展模式均显示为脆性断裂特征。断口形貌和侧面形貌均表明，随着阴极电位的负移，试样氢脆特征逐渐显著，而在有菌环境中这一特征更为明显。

5.3.4　氢渗透分析

　　电化学实验和SSRT实验结果均表明，细菌可以增大阴极极化电流密度，使得氢脆特征更为明显，因此基于上述结果分析了细菌对X80钢氢渗透的影响。图5-10所示为X80钢在无菌和有菌环境中不同阴极极化电位下的氢渗透结果。由图可知：随着阴极电位的负移，无菌和有菌环境中的稳态电流密度 I 均增大，这说明阴极电位的负移可以促进氢的渗透。当阴极电位为-0.8V时，无菌和有菌环境中的 I 相差较小，而当电位为-1.2V时，有菌环境中的 I 约是无菌环境中的2倍，充分证明细菌可以加速氢向X80钢的扩散。

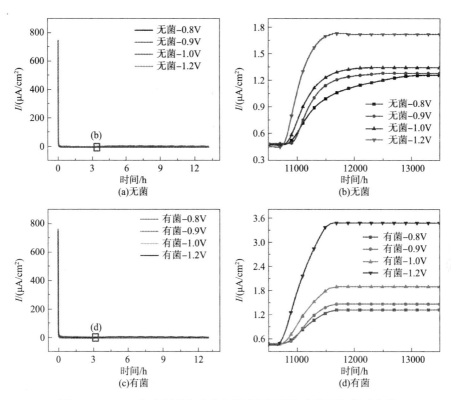

图5-10 X80钢在无菌和有菌环境中不同阴极电位下氢渗透曲线

根据氢渗透电流曲线的差异，利用式(5-2)~式(5-4)计算氢渗透扩散系数(D)、氢渗透通量(J)以及表观氢浓度(C_{app})，结果如图5-11所示。可以看出，无论在有菌还是在无菌环境中，D值随阴极电位变化均较小，这主要是因为其与钢的成分和组织密切相关。J和C_{app}在一定程度上反映了HE对SCC的贡献，

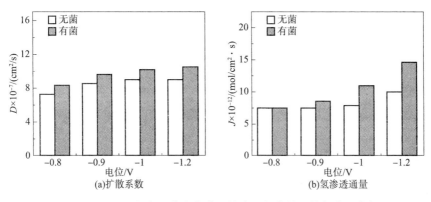

图5-11 X80钢在无菌和有菌环境中阴极电位下的氢渗透参数

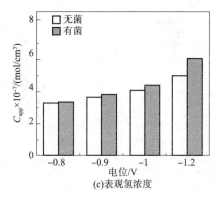

图 5-11　X80 钢在无菌和有菌环境中阴极电位下的氢渗透参数(续)

随着极化电位的负移，有菌和无菌环境中的 J 和 C_{app} 差值增大，且有菌环境中的数值均大于无菌环境，因此再次证明细菌环境可促进氢向 X80 钢中渗透，从而增大氢脆断裂风险。

5.4　分析与讨论

5.4.1　硝酸盐还原菌对管线钢表面的影响

阴极极化曲线和 SSRT 结果表明，有菌环境增大了 X80 钢阴极电流密度，提高了阴极电位下的 SCC 敏感性。此外，通过 EIS 结果也可以看出，随着阴极电位的负移，有菌和无菌环境中的电荷转移电阻逐渐减小，阴极析氢过程均加强。氢渗透实验表明，有菌环境中有较高的氢渗透通量和表观氢浓度。

(1)表面形貌分析

图 5-12 所示为 X80 钢在无菌和有菌环境中不同阴极电位极化 3d 后的表面形貌和元素分布。由图可以看出，不同的阴极电位均呈现不同的表面形貌。其中在无菌环境中，随着阴极电位的负移，试样表面的沉积物越来越多，在 -1.2V 时已完全覆盖基体，不同阴极电位下沉积物形貌分别被纺锤状、花瓣状和珊瑚状吸附或覆盖。而在有菌环境中，不同阴极电位下试样表面物质很少，在 -0.8V 下细菌形态正常且形成散落的生物膜，-1.0V 下细菌相较正常尺寸变短，但也可形成散落的生物膜，而在 -1.2V 时，无明显生物膜形成，细菌变得又细又短，与正常状态完全不同。从元素分布方面分析，无菌环境中试样表面随着电位负移

逐渐被 Ca、O 以及 Mg 元素覆盖，这主要是阴极电位下溶液中阳离子不断向电极表面吸附而导致的；而有菌环境中则为 P、Na、O 等元素覆盖，这主要是生物膜的组成元素。

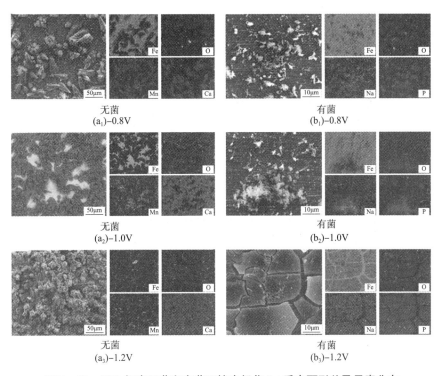

图 5 - 12　X80 钢在无菌和有菌环境中极化 3d 后表面形貌及元素分布

（2）产物分析

图 5 - 13 所示为 X80 钢在无菌和有菌环境中不同阴极极化 3d 后的表面成分 XPS 分析图，结果分别考虑了 Fe、N 和 Ca 元素的峰值情况。元素分布结果表明：在有菌环境中，虽然施加了不同的阴极电位，但与无菌环境相比最大的区别为试样表面并无 Ca、Mg 等阳离子的存在。XPS 结果表明：在无菌环境中，随着电位的负移，在 - 1.2V 时，Fe 峰消失，而 Ca 峰出现，主要为 $CaCO_3$ 和 CaO；而在有菌环境中，随着电位的负移，Fe 峰均存在，而 Ca 峰并未出现。同时，N 峰在有菌环境中均被检测到，而在无菌环境中没有出现，表明在极化的条件下，试样表面依旧存在细菌和生物膜。以上三点充分说明细菌的存在改变了试样在阴极电位下的表面状态，使得钙镁沉积物消失。

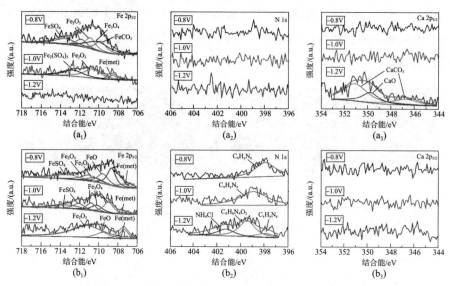

图 5-13　X80 钢在无菌和有菌环境中不同阴极极化 3d 后表面 XPS 分布

［无菌：(a₁)Fe，(a₂)N，(a₃)Ca；有菌：(b₁)Fe，(b₂)N，(b₃)Ca］

（3）液相分析

在阴极电位下，细菌使得试样表面钙镁沉积物消失，这不仅与细菌的生理活动有关，也与其分泌代谢产物改变溶液 pH 值相关。在不同极化电位下，分别检测了无菌和有菌环境中的 pH 值变化，并分析了有菌环境中有机酸的组成，结果如图 5-14 所示。可以看出，在无菌环境中的 pH 值随着极化电位的负移大幅增加，在 -1.2V 时则为 8.2 左右，而在有菌环境中变化较小，仅为 7.2 左右，充

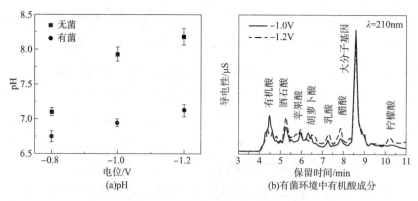

图 5-14　X80 钢在无菌和有菌环境中极化 3d 后
溶液 pH 变化以及有菌环境中有机酸成分

分表明细菌的存在使得极化后的溶液并未变碱性。随后对有机酸分析发现草酸、酒石酸、乙酸等均存在于有菌溶液，从而使得试样表面并未形成钙镁沉积物。在第4章的内容中，溶液不施加任何外界电位条件下的 pH 值并未有明显升高或降低，而本章实验中却能将碱性环境变成中性，表明细菌在环境胁迫的状态下可通过调节自身生理代谢功能从而使得环境变得更适宜生存。

因此，基于上述对无菌和有菌环境中阴极极化电位下试样的表面状态、产物成分和液相分析发现，细菌的存在弱化了阴极极化下表面产物的形成，在同样阴极极化电位前提下，这在一定程度上增大了极化所需的电流值。当外加极化电位负于 – 1.0V 时，阳极反应很难进行，较快的阴极反应促进了氢在试样表面吸附，从而导致氢更易进入金属内部，而有菌环境相比无菌环境更容易促进氢在试样表面的吸附和进入金属内部，致使 SCC 敏感性显著提高。

5.4.2　硝酸盐还原菌对应力腐蚀开裂的影响

在阴极电位下，细菌可以促进 X80 钢氢渗透通量和表观氢浓度升高，从而提高了 SCC 敏感性，因此在工程应用中，阴极保护的实施需考虑细菌对氢的影响。阴极电位和细菌使得 X80 钢发生塑性损失和氢脆，因此有必要建立无菌和有菌环境中表观氢浓度与 SCC 敏感性之间的定量关系，结果如表 5 – 2 和图 5 – 15 所示。随着阴极电位的负移，C_{app} 和 I_ψ 均逐渐增大，并呈对数关系，当阴极电位为 – 1.2V 时，无菌和有菌环境中的表观氢浓度分别为 4.48mol/cm^3 和 5.70mol/cm^3，而 SCC 敏感性分别为 46.85% 和 55.83%，充分表明过负的阴极电位极大地促进了氢脆的发生。拟合结果显示，在相同表观氢浓度下，有菌环境中的 SCC 敏感性均不同程度高于无菌的情况，虽然拟合方差为 0.72，但可依据拟合的方程预测出整体变化趋势，因此在工程实践中可以通过测量表观氢浓度来判断 SCC 敏感性的大小。

表 5 – 2　**X80 钢在无菌和有菌环境中不同阴极电位下 SCC 敏感性 I_ψ 与 C_{app} 的值**

	无菌				有菌			
阴极电位/V	– 0.8	– 0.9	– 1.0	– 1.2	– 0.8	– 0.9	– 1.0	– 1.2
SCC 敏感性 I_ψ /%	25.40	27.49	35.92	46.85	33.54	45.41	48.64	55.83
$C_{app} \times 10^{-7}$/(mol/cm^3)	3.07	3.43	3.81	4.48	3.11	3.58	4.13	5.70

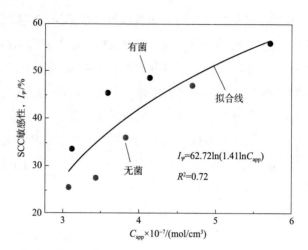

图 5 – 15　X80 钢在无菌和有菌环境中不同阴极电位下 SCC 敏感性 I_ψ 与 C_{app} 的关系

5.5　小结

（1）相较于无菌环境，NRB 可以与应力协同作用促进 X80 钢发生局部腐蚀，在恒变形下浸泡 120d 后，腐蚀产物层较为致密，表面都有大量细菌和胞外分泌物附着，腐蚀坑更明显，数目更多。

（2）随着阴极电位负移，NRB 促进 X80 钢氢渗透通量和表观氢浓度升高，从而使 X80 钢的 SCC 敏感性由无菌环境的 25.40% ~ 46.85% 增大至 33.54% ~ 55.83%，增量为 8.14% ~ 8.98%，且表观氢浓度与其 SCC 敏感性之间呈对数关系。

（3）相较于无菌环境，氢渗透电流密度的增加证实了 NRB 对 X80 钢发生氢脆的贡献。这不仅与细菌的去极化有关，也与其在阴极电位下分泌的有机酸降低环境 pH，从而增大阴极极化电流相关。

第6章 管线钢热影响区微生物应力腐蚀规律研究

6.1 引言

X80 钢焊接区组织的变化使得该区域成为防护的关键部分。在焊接过程中，由于不同焊接热循环的作用，靠近熔池区的母材会形成不同的热影响区组织。热影响区的组织差异导致其电化学性能、力学性能与母材区不同，因此在腐蚀方面的作用受到了特别关注。近年来，对焊接接头的腐蚀研究集中在海洋大气、土壤溶液等环境中的电偶腐蚀、应力腐蚀和疲劳腐蚀。虽然在这些领域取得了诸多进展，但对于细菌在热影响区的腐蚀，特别是应力腐蚀的研究非常稀少。Liduino 等对 X65 钢的焊接区域进行了研究，发现焊接区域更有利于生物膜的发展，微观组织对腐蚀敏感性和机理有明显的影响作用。

大多数设备在使用过程中都会受到应力的影响，因此微生物与不同组织应力腐蚀之间的作用关系不容忽视。Yang 等探究了 SRB 对 2205 不锈钢的应力腐蚀机理，结果表明：高残余应力区和铁素体相是 SRB 获取电子供体的优先选择，这主要是由于高应力区和低应力区以及奥氏体和铁素体之间产生了电偶效应，从而促进了阳极区的优先溶解。该实验结果不仅考虑了不同组织或相之间的相互影响，同时还指出残余应力的大小与 SRB 的作用关系。许多微生物具有电活性，更适宜在大量电子聚集的地方富集生长，焊接区域的热影响区由于电位的变化，极易与母材区域形成"大阴极小阳极"的腐蚀条件，因而热影响区是潜在的电子流失区域，为微生物的聚集提供可能。进一步地，在管材受到应力的作用下，腐蚀薄弱环节的焊接接头是发生断裂的高发位置，在微生物协同作用的情况下，探究 X80 钢不同热影响区的应力腐蚀影响很有必要。

针对上述问题，本章通过对 X80 钢焊接热影响区进行模拟，得到不同的热影响区组织，结合电化学测试、断口分析、形貌观察等手段，探究 NRB 对 X80 钢不同热影响区的腐蚀影响，NRB 对 X80 钢不同热影响区在阴极电位下 SCC 的影响，和 NRB 对 X80 钢不同热影响区的初始附着影响及不同残余应力的影响。

6.2 研究方法

6.2.1 实验材料

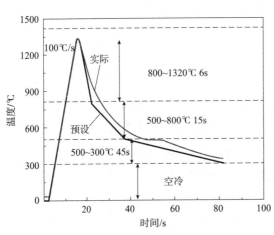

图 6-1 Gleeble 热模拟工艺流程

本节采用 Gleeble 3500 试验机，选用 Rykalin-2D 模式对 X80 钢热影响区组织进行模拟，试样尺寸为 80mm × 10mm × 10mm，试验线能量设置为 17kJ/cm，预设和实际热输入曲线如图 6-1 所示。以 100℃/s 的升温速度将试样从室温加热至 1320℃ 的峰值温度，停留 1s 后，经 6s 后冷却至 800℃、再经 15s 后冷却至 500℃，再经 45s 后冷却至 300℃，随后冷却至室温以形成组织差异的焊缝热影响区。

通过观察各热影响区的微观组织，分别明确临界区（Intercritical Heat Affected Zone，ICHAZ）、细晶区（Fine-Grained Heat Affected Zone，FGHAZ）和粗晶区（Coarse-Grained Heat Affected Zone，CGHAZ）的结构特征。为了进一步分析各组织的腐蚀性能，利用热处理方式将三种不同的热影响区分别进行复制，以便后续试验的进行。根据 Andrews 的经验公式预测了初始奥氏体化温度（Ac_1）和完全奥氏体化温度（Ac_3），确定 ICHAZ 和 FGHAZ 的合适峰值温度，计算公式如下：

$$Ac_1(℃) = 723 - 10.7\omega(Mn) - 13.9\omega(Ni) + 29\omega(Si) + 16.9\omega(Cr) + 290\omega(As) + 6.38\omega(W) = 706℃ \quad (6-1)$$

$$Ac_3(℃) = 910 - 203\omega(C)^{0.5} - 15.2\omega(Ni) + 44.7\omega(Si) + 104\omega(V) + 32.5\omega(Mo) + 13.1\omega(W) = 871℃ \quad (6-2)$$

式中，ω 为各元素的质量分数。结合 $T-C$ 曲线分别在 $Ac_1 \sim Ac_3$、$Ac_3 \sim$ 1100℃ 和 1100 ~ 1320℃ 温度区间选取 3 个温度，并将备选试样分别置于热处理炉

中(待温度升高后再放入)保温 10min 后空冷。待热处理结束后切取其中的
10mm×10mm×2mm 为金相试样,通过光学显微镜和 SEM 对其组织进行观察比
对,直至与热模拟影响区组织一致。

为了比较热模拟温度给不同组织力学性能带来的影响,对热模拟组织以及热
处理组织的显微硬度进行了测试,测试前试样经砂纸逐级打磨至 2000#,并经机
械抛光,测试方向为沿着加热中心逐渐向母材方向进行,测试仪器为宝棱 HXD –
1000TMC,加载载荷为 300gf,加载时间为 15s。

6.2.2　微观表面测试

利用背向散射电子衍射技术(Electron Back Scatter Diffraction,EBSD)对不同
热处理影响区的相关信息进行分析,用于 EBSD 观察的试样尺寸为 1mm×10mm×
2mm,工作面需在机械抛光后进行电解抛光,抛光溶液为 10%(体积分数)高氯
酸 +90%(体积分数)乙醇溶液,抛光电压和时间分别为 25V 和 15s。EBSD 测试
由 SEM 集成的 TEAM 数据采集软件完成,测试扫描步幅为 0.15μm,电压为
30kV,随后利用 OIM 7.3 分析软件获取相应的 EBSD 信息。原位试验的试样经
SSRT 拉伸至 2% 塑性应变后切取最中间的 10mm 形成 10mm×6mm×2mm 的试
样,之后利用硬度计添加标记点。

利用 FIB 对断口处的裂纹和细菌形貌进行观察并进行切割,随后分析切割
面各元素分布情况。利用原子力显微镜(Scanning Kelvin Probe Force Microscopy,
SKPFM)测试获得表面的微观结构和伏打电位,并在 ScanAsyst – air 模式下使用原子
力显微镜(Brucker,Multimode Ⅷ)进行测试,采样频率为 0.5Hz,使用 NanoScope
Analysis 2.0 软件对获取数据进行分析。实验采用的细菌、溶液介质、测试参数
均与第 5 章一致。

6.3　研究结果

6.3.1　微观结构分析

图 6 –2 所示为 Gleeble 热模拟后焊缝热影响区的宏观形貌和微观组织。由图
可以看出,三种不同的热影响区中晶粒尺寸均不相同,CGHAZ 有明显的奥氏体

晶界，晶粒内部以粒状贝氏体为主，随着加热温度的下降组织发生相变再结晶，大角度晶界处产生大量新的晶核，晶核生长并彼此接触使得组织发生细化，FGHAZ 为准多边形铁素体和粒状贝氏体，随着与加热中心距离增加，ICHAZ 表现为多边形铁素体和粒状贝氏体。

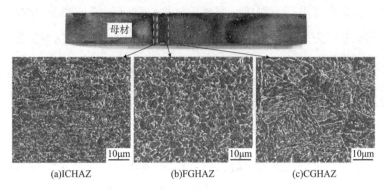

(a)ICHAZ (b)FGHAZ (c)CGHAZ

图 6-2 热影响区微观组织结构

结合上述热模拟的结果，经多次尝试后，本试验模拟 ICHAZ、FGHAZ 和 CGHAZ 所选用的峰值温度分别为 750℃、900℃ 和 1300℃，并在保温 10min 后空冷，微观组织结果如图 6-3 所示。可以看出，模拟粗晶区有明显的奥氏体晶界，晶粒尺寸在 15~30μm，这是由于较高的加热温度为原子扩散提供更多的动能，晶界迁移阻力降低，晶粒长大明显。随着热处理温度降至 900℃，晶粒来不及生长，形成了典型的细晶区，晶粒尺寸在 10~15μm。由于 750℃ 未达到完全奥氏体化温度，因此出现少量铁素体和粒状贝氏体。通过对比发现热处理组织和热模拟组织微观特征基本相同，因此可用于后续腐蚀试验。

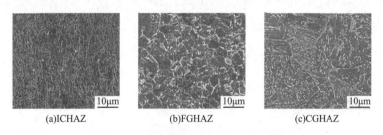

(a)ICHAZ (b)FGHAZ (c)CGHAZ

图 6-3 模拟热影响区的微观组织结构

利用 EBSD 对三种不同热影响区组织的晶粒取向、晶粒尺寸进行分析，如图 6-4 所示。从反极图(Inverse Pole Figure, IPF)可知，三种组织晶粒取向随机，没有表现出择优取向，晶粒之间取向差异较大，晶粒内部取向差异较小。从晶界角度分布可以看出，三种组织大小角度晶界数目整体差别不大，但 ICHAZ 的大角度晶界(<15°)数目相对较多。这是由于 ICHAZ 冷却速度最小，原子扩散最充分，因此大角度晶界较多。对比晶粒尺寸可以看出，CGHAZ 的晶粒尺寸无论是平均尺寸还是最大尺寸均是最大。

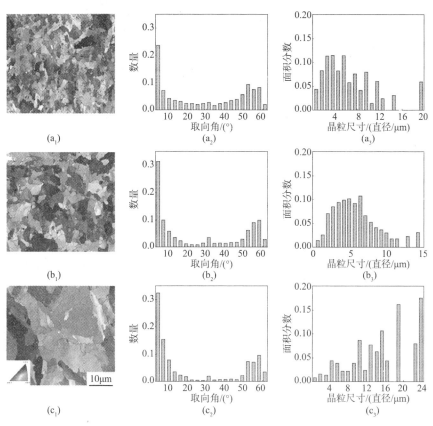

图 6-4　不同组织的 EBSD 分析($a_1 \sim c_1$)、($a_2 \sim c_2$)、($a_3 \sim c_3$)分别为
ICHAZ、FGHAZ、CGHAZ 的 IPF 图、晶界角度、晶粒尺寸

6.3.2　显微硬度分析

图 6-5 所示为热模拟组织和热处理组织的维氏硬度结果。由图可知：随着与加热位置距离的增大，维氏硬度呈逐渐增大的趋势，分别对比热处理组织可以看出，三种组织的维氏硬度与热模拟的各组织相接近，结果吻合。

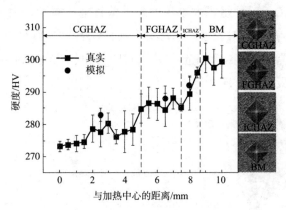

图 6－5　热模拟组织和热处理组织的显微硬度

6.3.3　电化学行为

（1）EIS

对不同组织在无菌和有菌环境中不同浸泡时间后的 EIS 进行测量，结果如图 6－6 和图 6－7 所示。在无菌环境中，三种不同组织随着浸泡时间的推移均呈现较为完整的容抗弧，进一步观察 ICHAZ 和 FGHAZ 的容抗弧可以发现，随着浸泡时间的增加，容抗弧的半径逐渐增大，表明其腐蚀速率略微减小，从 Bode 图中可以看出，模值是随着浸泡时间的增加呈略微增大的趋势。观察 CGHAZ 可以发现，其容抗弧以及模值随浸泡时间的增加，变化很小，表明其腐蚀速率的变化很小。同时分别观察三种组织的容抗弧模值大小，明显的是 CGHAZ 均比其他两种组织小，表明其腐蚀速率相对较小。

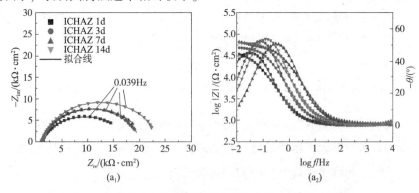

图 6－6　不同组织在无菌环境中浸泡不同天数后 EIS 结果
（a_1、a_2）ICHAZ，（b_1、b_2）FGHAZ，（c_1、c_2）CGHAZ

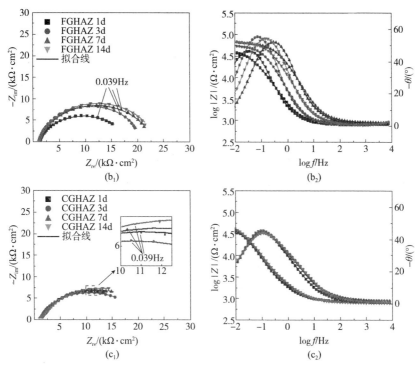

图6-6 不同组织在无菌环境中浸泡不同天数后 EIS 结果
$(a_1、a_2)$ICHAZ, $(b_1、b_2)$FGHAZ, $(c_1、c_2)$CGHAZ(续)

而在有菌环境中，从 Nyquist 图可以看出，随着浸泡时间的增加，三种组织的容抗弧半径以及模值均逐渐增大，表明腐蚀速率逐渐减小，尤其是第 1d 与其他天数有明显的区别。对比三种组织的模值大小，可以看出 CGHAZ 的模值均最小，表明其腐蚀速率相较其他组织是最大的。相位角最大角度值逐渐增大，表明腐蚀膜层趋于致密和完整。

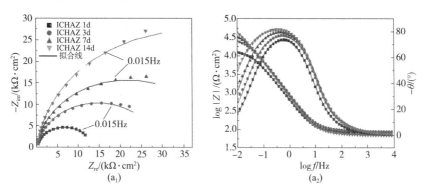

图6-7 不同组织在有菌环境中浸泡不同天数后 EIS 结果
$(a_1、a_2)$ICHAZ, $(b_1、b_2)$FGHAZ, $(c_1、c_2)$CGHAZ

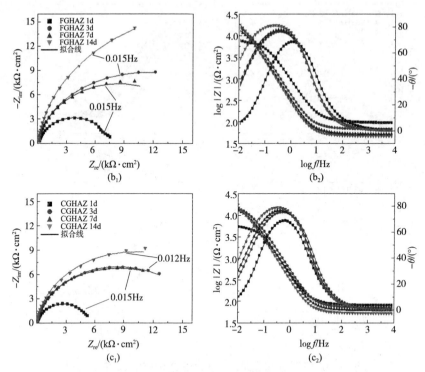

图6-7 不同组织在有菌环境中浸泡不同天数后 EIS 结果
（a_1、a_2）ICHAZ，（b_1、b_2）FGHAZ，（c_1、c_2）CGHAZ（续）

结合以上分析结果，采用 $R(QR(QR))$ 等效电路对无菌和有菌环境中的阻抗谱进行拟合并作图，如图6-8所示，$R_p + R_{ct}$ 通常作为评价腐蚀速率快慢的指标，

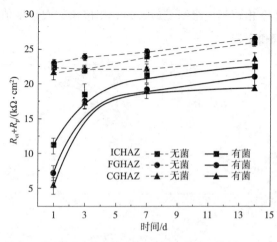

图6-8 不同组织在无菌和有菌环境中浸泡不同时间的 $R_p + R_{ct}$ 值

可以看出 $R_p + R_{ct}$ 在无菌环境中均随着浸泡时间的推移略有增大，但整体变化很小，而在有菌环境中 $R_p + R_{ct}$ 一直增大，但不同组织均小于相对应无菌环境。

根据上述结果可以得出以下三点：一是不同组织在有菌环境中的腐蚀速率在相同的浸泡时间内均高于无菌环境；二是无论是有菌环境还是无菌环境，三种组织在相同的浸泡时间，CGHAZ 的 $R_p + R_{ct}$ 值最小，说明其阻碍电荷转移的能力最弱，腐蚀速率最大；三是相比无菌环境，细菌对不同组织的腐蚀影响在 $1 \sim 3d$ 尤为明显，这一点与第 5 章的结果相类似。

（2）快慢扫动电位极化

对不同组织在有菌环境中的快慢扫动电位极化曲线进行测量，如图 6 – 9 所示。可以看出，不同的组织对动电位极化结果影响不大，说明电化学反应机理没有发生改变。通过对比腐蚀电流密度发现，无论是快速率扫描（50mV/s）或慢速率扫描（0.5mV/s），不同组织的腐蚀电流密度呈现为 $I_{CGHAZ} > I_{FGHAZ} > I_{ICHAZ}$，充分表明 CGHAZ 在有菌环境中腐蚀速率最大。基于第 5 章母材在不同阴极电位下 NRB 对 SCC 的影响结果，本章选用 –0.9V 电位下极化 3d 后进行试验。可以看出，–0.9V 为发生氢脆机制的起始电位。

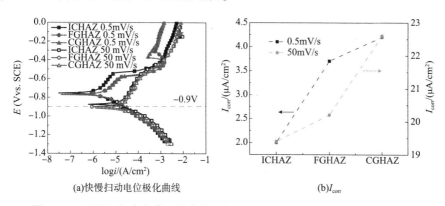

(a)快慢扫动电位极化曲线　　　　(b)I_{corr}

图 6 – 9　不同组织在有菌环境中快慢扫动电位极化曲线以及相应的 I_{corr} 分析

6.3.4　表面形貌与成分

不同组织在有菌环境中浸泡 14d 后的表面形貌如图 6 – 10 所示。可以看出，腐蚀产物和生物膜覆盖在试样表面，生物膜中含有形态完整的细菌，表明在该种环境中细菌可存活 14d 以上。通过对比不同组织的表面形貌发现并无明显差异，因此在除去腐蚀产物层后，对比局部腐蚀坑的深度和数目，可以看出细菌对 CGHAZ 的腐蚀更为严重，其腐蚀深度约为 $8.67\mu m$，随之是 FGHAZ，腐蚀深度约为 5.64μm，最后是 ICHAZ，腐蚀深度约为 4.15μm，结果表明细菌对 CGHAZ 的腐蚀作用最为显著。基于以上形态特征，对表面形貌组成进行了 EDX 分析，分析表明表面产物主要由 Fe、O、P 组成，并含有少量的 Mn 和 Na。其中 P 和 O 是细胞的主要成分，培养基和材料中分别含有 Na 和 Mn，三种组织的腐蚀产物组成元素基本相同，细菌并未改变腐蚀产物结果。虽然本实验未与无菌环境中相对应的腐蚀形貌进行对比，但基于电化学的结果以及无氧环境中的腐蚀规律，说明有菌环境腐蚀更高。

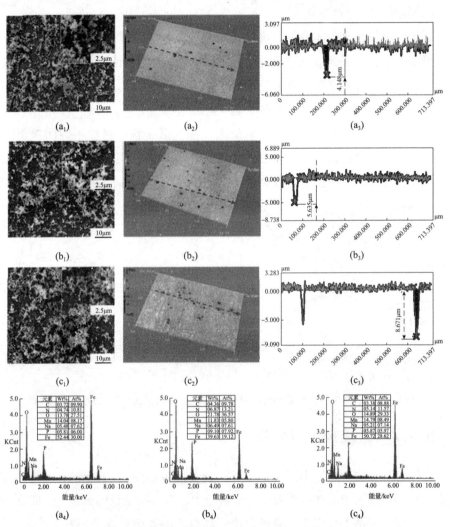

图 6-10　不同组织在有菌环境中浸泡 14d 后表面形貌、去除腐蚀产物后
三维形貌和产物成分 (a₁ ~ a₄) ICHAZ， (b₁ ~ b₄) FGHAZ， (c₁ ~ c₄) CGHAZ

6.3.5　慢拉伸分析

(1)应力 - 应变曲线和 SCC 敏感性

图 6 - 11 所示为不同组织在空气中、有菌和无菌环境中开路电位和 - 0.9V 下的 SSRT 结果和 SCC 敏感性。在开路电位和外加电位下，三种组织的弹性模量均未改变，且在空气中具有最大的延伸率。热处理后三种组织的强度与母材相比均出现一定程度的下降，且无明显的屈服点，相比母材，ICHAZ 和 FGHAZ 的延伸率略有增长，而 CGHAZ 略有减小。利用式(5 - 1)计算三种组织的面缩率损失 I_ψ 以此来表征 SCC 敏感性。从图 6 - 11(d)可以看出，三种组织的断面收缩率损失在有菌环境中均大于无菌环境，且在 - 0.9V 阴极电位下呈现同样的规律。分别对比开路电位下有菌和无菌的 I_ψ 差值，ICHAZ、FGHAZ 和 CGHAZ 分别为 6.82%、5.11% 和 7.65%，而在 - 0.9V 电位下则为 9.68%、9.47% 和 16.79%。研究发现，相比其他两种组织，CGHAZ 的面缩率损失在开路电位和阴极电位下最大，表明细菌对其 SCC 敏感性最明显。同时发现阴极电位增加了细菌环境中各组织的 SCC 敏感性。

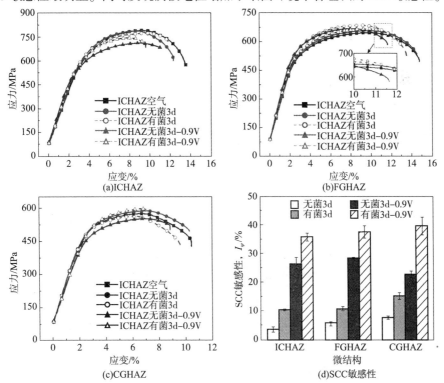

图 6 - 11　不同组织在空气中、无菌和有菌环境中开路电位与 - 0.9V 电位下应力 - 应变曲线

（2）断口分析

图6-12所示为不同组织在无菌和有菌环境中开路电位与-0.9V电位下断口形貌。在开路电位下，所有断口略有颈缩现象，观察断口断裂起始处，无论是无菌还是有菌环境，ICHAZ和FGHAZ均有小的韧窝出现，表明其存在韧性断裂的特征，而CGHAZ出现河流状花样的形貌，表明其断裂呈现脆性断裂特征。在-0.9V电位下，分析断裂起始处，无菌和有菌环境中，ICHAZ和FGHAZ的韧窝深而小；而CGHAZ微结构的韧窝数目少且较浅，并有典型的撕裂棱特征，表明其具有较高的脆性。对于不同的组织，在-0.9V电位下是开始发生氢脆的起

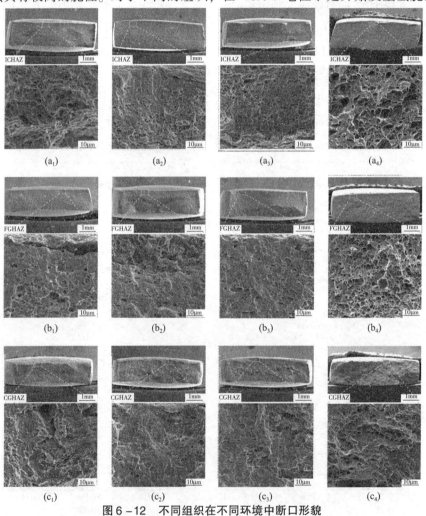

图6-12　不同组织在不同环境中断口形貌
（a～c）分为 ICHAZ、FGHAZ、CGHAZ，（下标1～4）
分别为无菌、有菌、无菌-0.9V、有菌-0.9V

始电位，但从 CGHAZ 的断口可以看出，在此电位下有脆性断裂的特征，表明 NRB 的环境促进了氢脆的发生。

图 6-13 所示为不同组织在无菌和有菌环境中开路电位与 -0.9V 电位下断口侧面形貌。在开路电位下，试样表面均存在一定程度的腐蚀，且有菌环境中的腐蚀更为明显。观察二次裂纹形貌可以看出，CGHAZ 的裂纹尺寸相较其他的更大，SCC 敏感性更高。在 -0.9V 电位下，无论是无菌环境还是有菌环境，试样表面无明显的腐蚀现象，表明该电位可有效抑制腐蚀反应，二次裂纹尺寸在有菌环境中相比无菌更大，表明有菌的环境中 CGHAZ 的 SCC 敏感性更高。

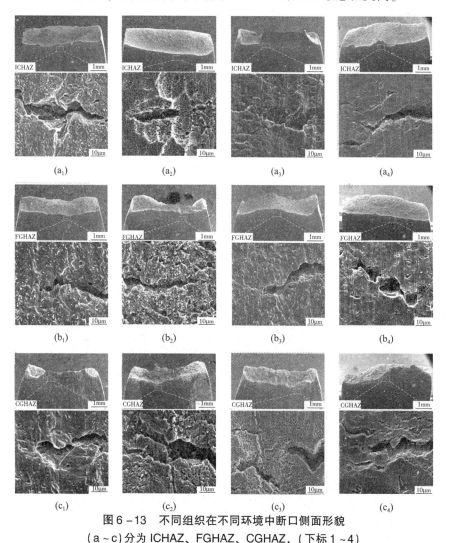

图 6-13　不同组织在不同环境中断口侧面形貌
(a~c) 分为 ICHAZ、FGHAZ、CGHAZ，(下标 1~4)
分别为无菌、有菌、无菌 -0.9V、有菌 -0.9V

图6-14所示为不同组织在有菌-0.9V电位下横截面裂纹扩展形貌,不同组织的裂纹萌生处均无明显的点蚀坑,表明在此电位下试样表面未发生局部腐蚀,裂纹属于典型的穿晶扩展模式,裂纹开口较大,且垂直于拉应力方向直线向下扩展。三种组织CGHAZ的裂纹深度最明显,表明SCC敏感性最大。

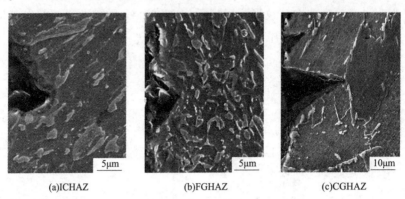

(a)ICHAZ   (b)FGHAZ   (c)CGHAZ

图6-14 不同组织在有菌-0.9V电位下横截面裂纹扩展形貌

(3)细菌与裂纹的微观形貌

上述结果表明,细菌对CGHAZ的SCC敏感性最大,因此进一步对细菌与该组织的微观结构进行分析,结果如图6-15所示。从形貌可以看出,细菌恰好"卡在"裂纹中,细菌底部与裂纹相接触,细菌保持杆状外形。元素结果显示,细菌主要由C、O、P、Na、N等蛋白质元素组成,同时也有少量Fe元素的覆盖,表明细菌可在裂纹处与基体发生相互作用,这为其促进点蚀和裂纹扩展提供可能机制。

图6-15 NRB与CGHAZ裂纹界面形貌与成分

6.4　分析与讨论

6.4.1　细菌对不同组织初始附着的影响

基于 EIS、动电位极化以及表面分析的结果，证实了细菌对 CGHAZ 的腐蚀影响最为明显，因此有必要探究不同组织对细菌初始附着的影响作用。研究表明，细菌的黏附力与纳米级别的粗糙度呈负相关，而在微米级别的粗糙度下，相关性一般为正相关。此外，也有研究认为钢中含碳量的不同也会影响细菌的初始附着，如含碳量越高，细菌黏附的程度就越高。在本实验中，碳含量的变化以及试样表面粗糙度的差别很小，因此在排除可能的因素后，有必要探究不同组织的其他性能对细菌初始附着的影响。为了减少可能因素的干扰，我们用 0.5μm 抛光膏对不同组织进行抛光，并分别在相同的实验环境中浸泡 30min、60min 和 90min，随后分别观察细菌在各组织表面附着情况并统计相应的细菌数目，同一组织观察位点至少为 3 处不同位置，结果分别如图 6-16 和图 6-17 所示。

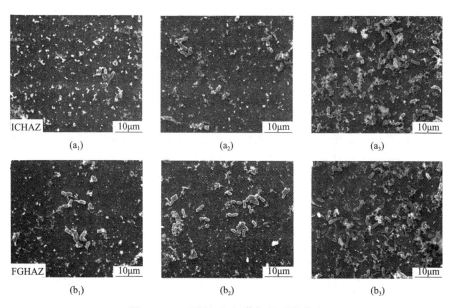

图 6-16　不同组织细菌初始附着分布
(a~c)分别为 ICHAZ、FGHAZ、CGHAZ，(下标 1~3)分别为 30min、60min、90min

图 6 - 16　不同组织细菌初始附着分布

（a～c）分别为 ICHAZ、FGHAZ、CGHAZ，（下标 1～3）分别为 30min、60min、90min（续）

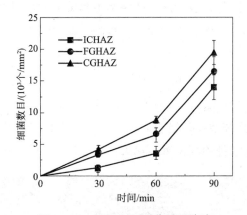

图 6 - 17　不同组织细菌数目统计

从图 6 - 16 和图 6 - 17 可以看出，细菌在不同组织表面分布比较均匀，随着浸泡时间的延长，细菌数目逐渐增加，当浸泡时间达到 90min 后，细菌几乎占据了整个试样表面，表明随着细菌的不断繁殖，不同组织表面的细菌数目差别减小。根据细菌数目的统计结果，在不同浸泡时间，CGHAZ 表面的细菌数目最多，其次是 FGHAZ 和 IGHAZ。

晶粒尺寸、位错密度和表面状态差异都是导致材料腐蚀差异的重要因素，材料表面的热力学稳定性与细菌黏附密切相关，研究发现浮游细菌可以通过鞭毛或菌毛的运动来识别表面，并对附着进行优先选择。为了探究三种不同组织的热力学稳定性与细菌黏附之间的关系，采用 SKPFM 分别对其进行扫描，结果如图 6 - 18 所示。

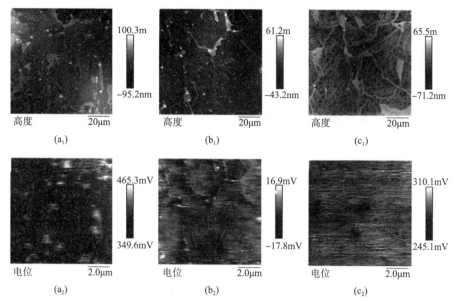

图 6-18　不同组织的 SKPFM 结果

（a）ICHAZ, （b）FGHAZ, （c）CGHAZ, 形貌图($a_1 \sim c_1$)伏打电势图($a_2 \sim c_2$)

从形貌图可以发现，ICHAZ 和 FGHAZ 表面有许多白色的颗粒物质，这主要是由于冷却速度下降，C 元素扩散阻力降低，大量的碳原子以化合物的形式析出，因此会导致形貌高度和伏打电势的落差较大。而 CGHAZ 组织晶粒尺寸粗化，原奥氏体晶界增大，晶粒内部形成大量粒状贝氏体。此外，由于较高的冷却温度，晶粒的均匀性降低，位错被困在晶粒内部，原子在大角度晶界处不均匀排列，导致热力学较高。这些高热力学提供了大量的活性溶解位点，使细菌更容易附着并获得电子。

6.4.2　细菌对不同应变初始分布的影响

SSRT 结果证实，含有细菌的环境会增加不同组织的 SCC 敏感性，尤其是 CGHAZ。因此，有必要探讨细菌对应力作用下不同组织的影响。准原位 EBSD 和初始附着的 SEM 结果如图 6-19 和图 6-20 所示。由 IPF[图 6-19(a_1)～(c_1)]可以看出，CGHAZ 的晶粒尺寸最大，其次是 FGHAZ 和 ICHAZ。

内核平均位错(Kernel Average Misorientation, KAM)图[图 6-19(a_2)～(c_2)]反映了几何必要位错的密度。结果表明：ICHAZ 应力分布均匀，FGHAZ 和 IGHAZ 应力明显且集中。随后进行 30min 的浸泡测试，形貌如图 6-19(a_3)～(c_3)所示，样品表面可以检测到不同数量的细菌，有独立附着也有成簇附着。

图6-19 不同组织在2%塑性应变下EBSD分析和SEM形貌
ICHAZ(a_1 ~ a_3：IPF、KAM、SEM)，FGHAZ(b_1 ~ b_3：IPF、KAM、SEM)，
CGHAZ(c_1 ~ c_3：IPF、KAM、SEM)

为了进一步阐明NRB在应力作用下的分布行为，在KAM相手工标记了图6-19中的数目，结果如图6-21所示。局部放大图清楚地显示不同组织表面NRB分布在低应力区、高应力区或二者毗邻区。因此，对图6-19和图6-20中整个标记区域的细菌数目和团簇区进行统计分析，并对NRB分布进行归一化处理，结果如表6-1所示。统计结果表明，2.9% ~ 8%的细菌分布在高应力区，16% ~ 29%则分布在低应力区，剩余多半数均在毗邻区，因此细菌更优先分布在高低应力结合区。正如我们所知道的，高应力区的几何必要位错高于低应力区，提高了其电化学活性，如果高低应力区之间的电位差达到一定程度，则会形成微电偶腐蚀效应，高应力区作为阳极优先发生溶解，细菌可更容易在二者毗邻区附着并获取电子。

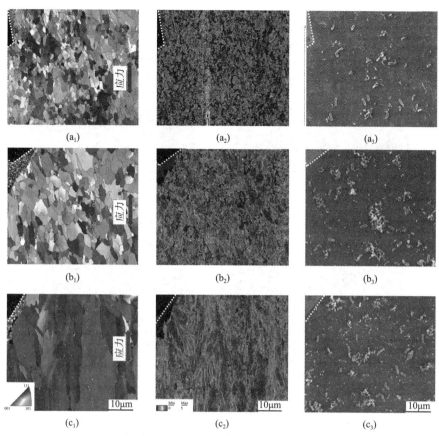

图6-20 不同组织在2%塑性应变下 EBSD 分析和 SEM 形貌
ICHAZ($a_1 \sim a_3$: IPF、KAM、SEM)，FGHAZ($b_1 \sim b_3$: IPF、KAM、SEM)，
CGHAZ($c_1 \sim c_3$: IPF、KAM、SEM)

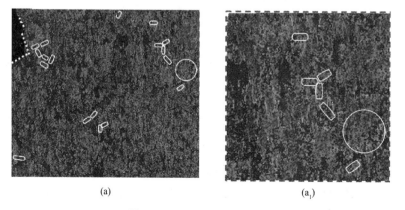

图6-21 不同组织 KAM 图
（a）ICHAZ （b）FGHAZ （c）CGHAZ（$a_1 \sim c_1$）为相应的局部放大图

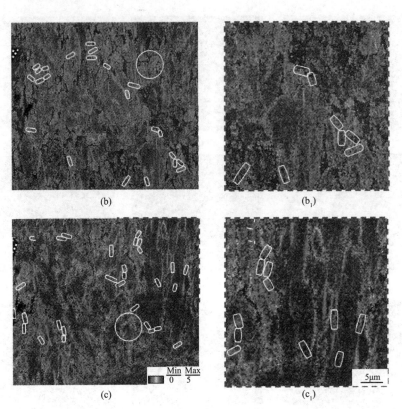

图 6-21　不同组织 KAM 图

(a) ICHAZ (b) FGHAZ (c) CGHAZ($a_1 \sim c_1$) 为相应的局部放大图(续)

表 6-1　细菌分布的归一化统计结果

	高应力区细菌数目	低应力区细菌数目	高/低应力毗邻区细菌数目	细菌聚合物数目
ICHAZ	3	10	21	1
FGHAZ	2	9	45	2
CGHAZ	1	18	56	1
比例/%	2.9 ~ 8	16 ~ 29	61 ~ 80	—

　　通过以上分析，三种组织对细菌的初始黏附数量是不同的，而且不同的 KAM 值也会影响细菌的吸附位置。与 ICHAZ 和 FGHAZ 相比，CGHAZ 的微观结构具有更高的热力学性能，更容易发生阳极溶解，有利于细菌在其表面黏附并获取电子。不同 KAM 值的大小影响细菌的初始黏附位置，与高应力区和低应力区相比，61% ~ 80% 的细菌优先黏附在高/低应力毗邻区。

6.5　小结

本章首先利用 Gleeble 热模拟技术模拟了 X80 钢焊接接头工艺，随后通过热处理分别复制焊接接头处的 CGHAZ、FGHAZ 和 ICHAZ 的微观组织。结合电化学和形貌观察以及 SSRT 等技术分析了细菌对不同组织的腐蚀和应力腐蚀影响，最后结合 SKPFM 和原位 EBSD 等分析手段，探究细菌对不同组织和不同应变下的腐蚀影响。得到主要结论如下：

（1）与 ICHAZ 和 FGHAZ 相比，NRB 对 CGHAZ 的腐蚀速率最大，局部腐蚀最为明显。CGHAZ 表面在初期能附着更多的细菌，这与其较高的表面热力学有关，组织内部存在大量的位错塞积和大角度晶界，提供活性溶解位点。

（2）NRB 增大了热影响区不同组织的 SCC 敏感性，在开路电位下 ICHAZ、FGHAZ 和 CGHAZ 分别增大了 6.82%、5.11% 和 7.65%，而在 −0.9V 电位下则为 9.68%、9.47% 和 16.79%。与 ICHAZ 和 FGHAZ 相比，NRB 对 CGHAZ 的 SCC 敏感性最大。在 −0.9V 电位下，ICHAZ 和 FGHAZ 以韧性断裂特征为主，而 CGHAZ 则存在脆性断裂特性。

（3）不同 KAM 值的大小影响细菌的初始黏附位置，与高应力区和低应力区相比，61% ~ 80% 的细菌优先黏附在高/低应力毗邻区。

第7章 管线钢微生物应力腐蚀动态机理研究

7.1 引言

微生物对金属应力腐蚀的影响规律较为复杂，其腐蚀行为不仅与微生物的生长代谢有关，而且也与材料本身因素（如组织结构、晶粒度、应力应变状态等）相关。传统的测试手段很难从多维度、长周期对微生物腐蚀过程进行监测，分析手段无法利用简单的物理模型定性或定量地表征各个影响因素对微生物腐蚀的贡献。在此背景下，利用多通道在线数据采集手段以及基于机器学习数据挖掘技术，为分析微生物应力腐蚀复杂数据之间的规律提供新的手段和方法。

腐蚀数据挖掘工作包含多种挖掘方法，根据不同的腐蚀数据类型或预测目标选用不同的数据挖掘方法。Kannan 等利用静态和动态贝叶斯网络方法探究了微生物、化学成分、物理环境、腐蚀产物等多种因素对微生物腐蚀敏感性的影响。Méndez 等采用人工神经网络模型预测了海洋大气环境中影响青铜器腐蚀的多个环境因素，预测结果与实验所测电化学信息吻合度较好。近年来，随着大数据技术的发展，随机森林被证明比贝叶斯网络、人工神经网络等模型在腐蚀行为分析和预测中准确率更高。Zhi 等采用随机森林模型对收集的关键性环境因子以及实验样品进行预测，并根据后续数据集验证了该方法的可行性。Pei 等分析对比了多种机器学习模型，并证实了随机森林模型在处理复杂大气腐蚀数据以及预测腐蚀行为规律方面具有一定的优越性。因此在腐蚀领域，随机森林模型可被用于分析小型、非线性和多样化的数据集，并具有更准确的预测能力。

管线钢的长距离铺设是通过焊接方式将不同管段进行连接，因而焊接区组织的变化会使得该区域成为防护的关键环节。在焊接过程中，由于不同焊接热循环的作用，靠近熔池区的母材会形成不同的热影响区组织。热影响区的组织差异导致其电化学性能、力学性能与母材区不同，因此在腐蚀方面的作用受到特别关注。同时，管道运行过程中也会受到应力的影响，导致微生物与不同组织应力腐蚀之间的作用关系不容忽视。Yang 等探究了 SRB 对 2205 不锈钢的应力腐蚀机理，实验表明高残余应力区和铁素体相是 SRB 获取电子供体的优先选择。这主要是由于高应力区和低应力区以及奥氏体和铁素体之间产生的电偶效应，从而促进了阳极区的优先溶解。该实验结果不仅考虑了不同组织或相之间的相互影响，同时也指出残余应力的大小与 SRB 的相互作用关系。

通过多通道腐蚀数据获取的方式，利用机器学习新技术，对管线钢母材（Base Material，BM）、焊接接头的粗晶组织（Coarse - Grained Heat Affected Zone，CGHAZ）、母材和应力（BM + 应力）耦合，以及粗晶组织与应力（CG + 应力）耦合作用下的微生物腐蚀进行研究，旨在厘清 NRB 对上述 4 种情况的腐蚀行为和腐蚀规律的差别、各腐蚀因子重要性，以及腐蚀主要因素的理论分析。

7.2 实验方法

7.2.1 材料与传感器

本章材料采用母材、母材 + 2% 塑性应变（拉伸强度 816MPa，延伸量 1.37mm）、CGHAZ、CGHAZ + 2% 塑性应变（拉伸强度 698MPa，延伸量 1.38mm）。腐蚀监测传感器包含 6 个阳极金属电极片，6 个阴极纯铜电极片，中间间隔环氧玻璃纤维绝缘片；在保证金属电极和绝缘片紧密压实后，采用绝缘螺钉将所有金属片和绝缘片固定，并用铜丝分别将阳极金属片和阴极金属片串联导通引出导线构成回路；最后将结构通过环氧胶进行灌封，并用碳化硅砂纸逐级打磨至 2000#，清洗吹干备用。腐蚀监测传感器的阳极和阴极面积均为 20mm × 1mm × 6 片，绝缘片厚度为 0.1mm，其示意和实物见图 7 - 1。

腐蚀连续监测设备采用自行设计的腐蚀微电流监测仪器，量程范围为 0.1nA ~ 50mA，采集频率为 1 次/min，数据通过内置存储卡获取。其中，腐蚀总累计量可用腐蚀过程中相对腐蚀电流强度值随时间的积分表达，腐蚀量越大，表明腐蚀越严重。

实验所采用的细菌、溶液介质均与之前相同。4 种不同情况的腐蚀监测传感器经无菌处理后放入同一环境中监测 14d，以减少实验误差。同时在此期间监测环境温度变化并记录，实验结束后获取数据并绘制腐蚀时钟图。其中，腐蚀时钟

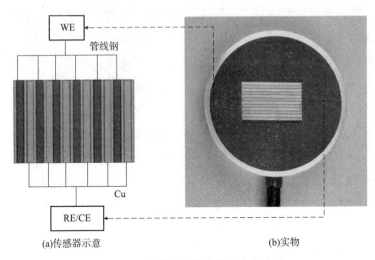

(a)传感器示意　　　　　　　　　　(b)实物

图 7 - 1　腐蚀监测传感器示意和实物

图是对采集的腐蚀电流数据按照时钟转动的方式进行记录，每一个圆环记录了
1d 内采集的 1440 条腐蚀电流值，时钟图的颜色变化对应腐蚀电流强度的大小，
可直观反映材料腐蚀周期的腐蚀强弱变化。

7.2.2　随机森林模型

随机森林可通过构建大量的决策树，形成一种分类和回归模式的集成算法，
其中每个决策树是从原始数据中随机选取构建的。随机森林最常用的树模型是分
类树和回归树算法，其中当目标变量为数值时，随机森林的类型为回归分析，此
时通过随机森林能够计算其他变量构成的模型对目标变量变化的解释量，以及其
他变量对目标变量的重要性。具体算法为：输入训练数据集 D，输出回归树为
$f(x)$，在训练数据集所在的输入空间中，递归地将每个区域划分为两个子区域并
决定每个子区域的输出值，构建二叉决策树。首先是选择最优切分变量 j 与切分
点 s，解：

$$\min_{j,s} \left[\min_{c_1} \sum_{x_i \in R_1(j,x)} (y_i - c_1)^2 + \min_{c_2} \sum_{x_i \in R_2(j,x)} (y_i - c_2)^2 \right] \qquad (7-1)$$

其中，遍历变量 j，对固定的切分变量 j 扫描切分点 s，使式（7-1）达到最小
值的对 (j, s)；其次用选定的对 (j, s) 划分区域并决定相应的输出值：

$$R_1(j,s) = \{x \mid x^{(j)} \le s\}, R_2(j,s) = \{x \mid x^{(j)} > s\} \qquad (7-2)$$

$$\hat{c}_m = \frac{1}{N_m} \sum_{x \in R_m(j,s)} y_i, x \in R_m, m = 1,2 \qquad (7-3)$$

随后继续对两个子区域调用上述两个步骤直至满足停止条件,最后将输入空间划分为 M 个区域 R_1,R_2,$\cdots$,R_m,生成决策树:

$$f(x) = \sum_{m=1}^{M} \hat{c}_m I(x \in R_m) \tag{7-4}$$

在训练阶段进行 Bagging 重采样,对腐蚀因素样本进行有放回的随机抽取,并生成多个回归树模型,获得相应的腐蚀电流,最终得到平均值为预测结果。

本部分考虑以环境、材料组织和应力应变作为主要影响因素,其中环境因素为细菌在不同时间的生长数目和环境温度,材料因素为原始奥氏体晶界(Prior Austenite Grain Boundary,PAGB)、小角度晶界比例(Low Angle Grain Boundary,LAGB)、晶粒尺寸(Grain Size,GZ)、伏打电位(Volta Potential,VP)和 KAM 作为自变量输入,有菌环境中所测的电流值为输出结果。采用随机森林模型分析对各因素腐蚀电流的影响,其中第一部分 Bagging 框架的参数:弱决策树的个数为40,采用袋外样本来评估模型的好坏,决策树中回归模型为均方差;第二部分决策树参数:最大深度为23,内部节点最小样本为12,叶子节点最小样本数为2,随机森林模型如图7-2所示,部分训练数据集见表7-1。

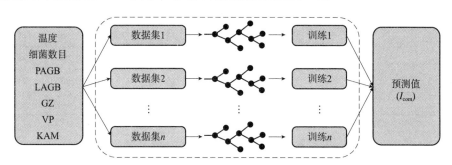

图7-2 随机森林模型

表7-1 随机森林模型训练输入要素值(部分)

ID	细菌数目	温度/℃	PAGB	LAGB	GZ	VP	KAM	电流值
1	10	27.5	0	0.3	3.4	60.3	0.81	85
2	10	27.5	0	0.3	3.4	60.3	0.81	85.4
3	10	27.5	0	0.3	3.4	60.3	0.81	86.1
4	10	27.5	0	0.3	3.4	60.3	0.81	85.8
5	11	27.6	0	0.3	3.4	60.3	0.81	85.3
......								

续表

ID	细菌数目	温度/℃	PAGB	LAGB	GZ	VP	KAM	电流值
20161	10	27.5	0	0.52	3.4	65	0.95	75
20162	10	27.5	0	0.52	3.4	65	0.95	75.4
20163	10	27.5	0	0.52	3.4	65	0.95	78
20164	10	27.5	0	0.52	3.4	65	0.95	73.4
20165	11	27.6	0	0.52	3.4	65	0.95	74.29
……								
40321	10	27.5	25	0.32	15.7	97.4	0.78	85
40322	10	27.5	25	0.32	15.7	97.4	0.78	85.8
40323	10	27.5	25	0.32	15.7	97.4	0.78	83.8
40324	10	27.5	25	0.32	15.7	97.4	0.78	85.7
40325	11	27.6	25	0.32	15.7	97.4	0.78	85.7
……								
60481	10	27.5	25	0.35	15.7	115.7	0.96	108
60482	10	27.5	25	0.35	15.7	115.7	0.96	108.49
60483	10	27.5	25	0.35	15.7	115.7	0.96	111.29
60484	10	27.5	25	0.35	15.7	115.7	0.96	102.59
60485	11	27.6	25	0.35	15.7	115.7	0.96	103.09
……								

7.3 实验结果

7.3.1 腐蚀数据监测结果

腐蚀大数据监测仪可实时监测钢表面瞬时电流强度变化，其与腐蚀速率成正比，即电流强度越大，腐蚀速率越高。图 7-3 所示为 4 种情况在整个实验周期过程中瞬时电流强度随时间的变化，采集时间为 20160min。可以看出，电流强度随浸泡时间的推移呈先增大后减小的趋势，4 种情况材料整体规律一致，但在试验前期即 1000min 前，电流强度有较明显的区别，试验后期 10000min 后电流强度均呈下降趋势。

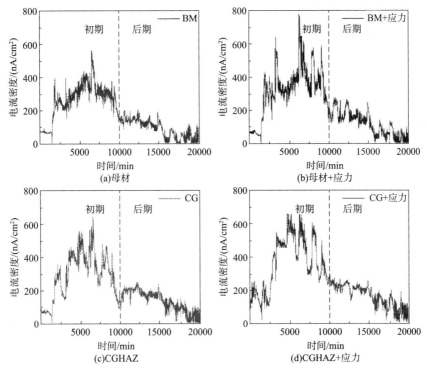

图7-3　4种不同情况材料瞬时电流强度随浸泡时间的变化曲线

为了更直观地表征瞬时电流强度变化，绘制了瞬时电流强度的极坐标图，如图7-4所示，其中内圈颜色较深处表示电流强度较大，外圈则表示电流强度较小。可以看出，4种情况的瞬时电流时钟均为内部颜色由深及浅至深，表明腐蚀电流由大逐渐减小，这主要是由于细菌在后期逐渐衰亡以及腐蚀产物层增加而导致的腐蚀速率降低，该规律与EIS测试结果一致。对比图7-4(a)与(c)，结果表明：CGHAZ在实验初期7d前腐蚀速率略高于母材，结合第6章的实验结果，这主要是由于CGHAZ组织有大量的活性溶解位点，细菌对其表面的初始附着更多，从而形成腐蚀差异。分别对比加载应力后的结果，图7-4(b)与(a)、图7-4(d)与(c)，二者呈现相似的结果，即加载应力后的腐蚀速率在相同的时间段均高于未加载的情况，充分表明应力和细菌可协同促进腐蚀的进程。

进一步地统计了上述4种不同情况腐蚀过程的累计电荷，结果如图7-5所示。4种情况材料的累计电量均表现为随浸泡时间的延长，曲线斜率减小的现象，表明随着细菌生长规律的变化，以及表面腐蚀产物的形成，材料的腐蚀进程有所减缓。在3000min(约2d)前累计电荷量差别不大，之后至10000min(约7d)，

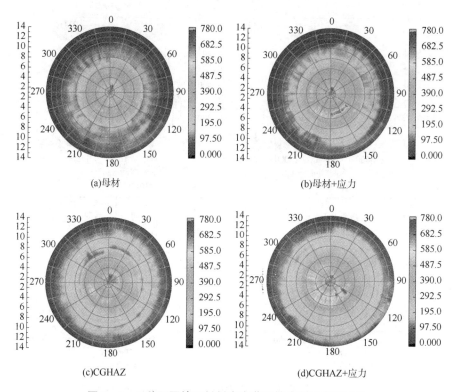

(a)母材 (b)母材+应力

(c)CGHAZ (d)CGHAZ+应力

图7-4 4种不同情况材料在有菌环境中瞬时电流时钟

CGHAZ+应力累计电量迅速增长，其次是母材+应力，然后是CGHAZ和母材+应力，4种情况的累计腐蚀总量最后结果为CGHAZ+应力>母材+应力>CGHAZ>母材。

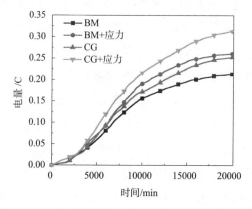

图7-5 4种不同情况材料在有菌环境中累计电荷

7.3.2 基于随机森林模型分析腐蚀影响因素

图7-6所示为利用随机森林模型对4种不同情况下所获取的腐蚀电流数值与预测值拟合结果。其中横坐标为真实的腐蚀电流值，纵坐标为预测的腐蚀电流值，各散点距离红线直线(函数 $y = x$)距离越近，表明模型误差越小，所得结果越可靠。根据各拟合优度 R^2 均大于0.89，表明真实值和预测值差值很小，在允许的误差范围内，也说明利用该模型可以准确地预测腐蚀进程。

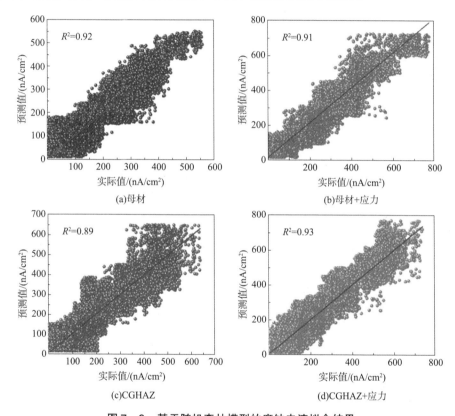

图7-6 基于随机森林模型的腐蚀电流拟合结果

上述结果表明：腐蚀前期是影响腐蚀电流强度大小的主要阶段，因此通过比较每个因素对腐蚀的重要性，以环境和材料参数为输入，腐蚀电流为输出，建立随机森林模型下的腐蚀速率重要性因子分布，结果如图7-7所示。

在腐蚀前期(0~10000min)，无应力的情况下，细菌数目、LAGB以及温度的影响作用大于KAM、VP、GZ和PAGB，表明无应力下腐蚀初期，细菌数目的多少和组织的 LAGB 是控制腐蚀的主要因素。而在有应力的情况下，细菌数目、KAM、PAGB 的影响因素大于 GZ、LAGB、温度和 VP。两种情况充分说明细菌数目的变化是影响腐蚀的主要因素，其无应力情况下的 LAGB，以及有应力情况下的 KAM 是次要因素。

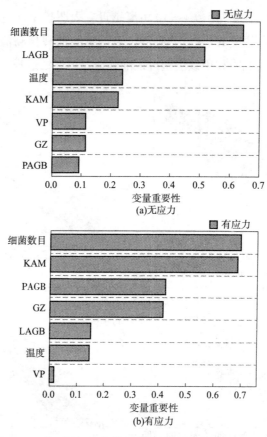

图 7 - 7　基于随机森林模型的腐蚀前期重要性因子分布

　　为了进一步验证腐蚀传感器及机器学习模型的可靠性，结合前面的实验结果对可能的各因素与腐蚀速率之间的关系进行分析，结果如图 7 - 8(a) 所示。在无应力的情况下，细菌数目与腐蚀传感器所监测的电流强度变化趋势相吻合，均出现在前 10000min 先增大，之后至 20160min 逐渐减小的趋势。进一步对 EIS 所测结果的拟合值 $R_{ct} + R_f$ 进行对比，同样可以看出，其对应的腐蚀速率整体呈 1 ~ 4320min 增大，4321 ~ 10080min 较平缓，10081 ~ 20160min 减小的趋势，表明在腐蚀前期细菌数目的变化是影响腐蚀最主要的因素。

对比了有应力的情况，结果如图7-8(b)所示。可以看出，细菌数目变化与腐蚀传感器所监测的电流强度变化趋势也相吻合，因此细菌数目的影响依旧不可忽略，进一步对无应力和有应力下 EIS 所测结果的拟合值 $R_{ct}+R_f$ 进行分析，可以看出在有应力的情况下，其对应的腐蚀速率变化趋势与无应力下相类似，但整体的腐蚀速率要高于无应力的状况，这一结果符合腐蚀传感器所监测的电流强度值大于无应力的情况。需要注意的是，在腐蚀后期 10081～20160min，由于应力的作用使腐蚀速率的下降速度小于无应力的情况，表明应力对腐蚀的影响不仅在初期显现，在后期也具有长久性。

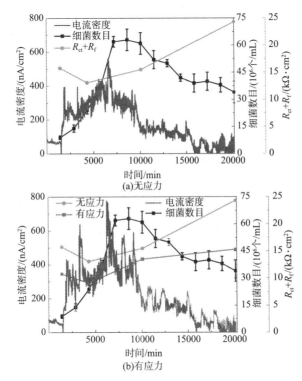

图7-8　腐蚀电流强度、细菌数目和 $R_{ct}+R_f$ 值之间的对比

7.4　分析与讨论

　　第3章的 U 弯电化学结果表明，在应力的作用下，无论是有菌环境还是无菌环境，其腐蚀电流均大于无应力状态，表明在应力作用下，腐蚀加速。而在细菌存在的环境中，细菌也促进了腐蚀电流的增加，因此有必要探究力学—电化学—微生物之间的理论关系，以此解释微生物应力腐蚀的机理。

7.4.1 应力作用对电化学的影响

研究表明，电化学腐蚀行为与拉伸应力之间有明显的相互影响，从 1958 年 Hoar 等发现屈服作用可增强腐蚀过程，至 1967 年 Gutman 从热力学角度解释了力学–电化学的相互作用机理，并提出了"力学–电化学相互作用理论"，以此来计算金属在动态拉伸测试和静态负载下的阳极溶解速率。金属在弹性变形和塑性变形下的电极电位可依据式(7-5)、式(7-6)计算：

$$\Delta E_{e} = -\frac{\Delta P V_{m}}{zF} \tag{7-5}$$

$$\Delta E_{p} = -\frac{RT}{zF}\ln\left(\frac{v\alpha}{N_{0}}\varepsilon_{p} + 1\right) \tag{7-6}$$

式中，ΔE_{e} 和 ΔE_{p} 分别为弹性变形和塑性变形对电化学电位的影响，V；ΔP 为金属附加弹性应力，Pa；V_{m} 为金属的摩尔体积，m^{3}/mol；z 为电极反应中电荷数；F 为法拉第常数(96485C/mol)；R 为气体常数[8.314J/(mol·K)]；T 为温度(298.15K)；v 为取向因子(0.4~0.5)；a 为位错密度与塑性应变线性相关比例系数($1.67 \times 10^{11}/cm^{2}$)；$N_{0}$ 为塑性变形前位错的初始密度；ε_{p} 为钢的塑性应变率。依据上述公式以及相关参数 $z = 2$，$v = 0.45$，$N_{0} = 1.0 \times 10^{9}/cm^{2}$，$\varepsilon_{p} = 0 \sim 9\%$，分别计算出 X80 钢在弹性和塑性变形下的电位变化，结果如图 7-9 所示。

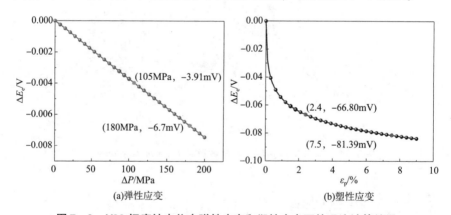

图 7-9 X80 钢腐蚀电位在弹性应变和塑性应变下的理论计算结果

从图 7-9 可以看出，影响腐蚀电位变化的主要因素是塑性应变，这主要是由于弹性应变在平衡位置不能产生或只产生少量位错，而塑性应变可以产生多个位错，这些位错可能导致无数原子偏离平衡位置，并产生局部附加势能效应。原子偏离平衡位置会降低电化学活化能，诱发阳极溶解。此外，溶液中可能产生的氢在应力诱导的作用下加速聚集甚至发生氢诱导开裂现象，这种现象同样会降低电化学活化能，进一步促进阳极溶解、点蚀和开裂的发生。此外，在腐蚀电位下，电子会在位错端或滑移台阶富集，减少 H^+ 和 O_2 从而会加速局部阴极反应过程。

7.4.2 细菌的还原作用对电化学的影响

在无菌无氧的环境中，Fe 在水环境中发生腐蚀主要为 H^+ 的阴极还原以及 Fe 的阳极氧化过程，其阴极反应及对应的平衡电位分别为：

$$① \quad 2H^+ + 2e \longrightarrow H_2 \tag{7-7}$$

$$E_{H_2/H^+}^{\Theta} = -2.303\frac{RT}{F}pH - \frac{RT}{2F}\ln(P_{H_2}) \tag{7-7a}$$

其阳极反应及对应的平衡电位分别为：

$$② \quad Fe^0 \longrightarrow Fe^{2+} + 2e \tag{7-8}$$

$$E_{Fe/Fe^{2+}}^{\Theta} = -0.441\frac{RT}{2F}\ln[Fe^{2+}] \tag{7-8a}$$

$$③ Fe + 2H_2O \longrightarrow Fe(OH)_2 + 2H^+ + 2e \tag{7-9}$$

$$E_{Fe/Fe(OH)_2}^{\Theta} = -0.047 - 2.303\frac{RT}{F}pH \tag{7-9a}$$

$$④ \quad Fe^{2+} + 2H_2O \longrightarrow Fe(OH)_2 + 2H^+ \tag{7-10}$$

$$pH = 6.650 - 0.217\ln[Fe^{2+}] \tag{7-10a}$$

$$⑤ \quad Fe(OH)_2 + H_2O \longrightarrow Fe(OH)_3 + H^+ + e \tag{7-11}$$

$$E_{Fe(OH)_2/Fe(OH)_3}^{\Theta} = 0.271 - 2.303\frac{RT}{F}pH \tag{7-11a}$$

$$⑥ \quad Fe^{2+} + 3H_2O \longrightarrow Fe(OH)_3 + 3H^+ + e \tag{7-12}$$

$$E_{Fe^{2+}/Fe(OH)_3}^{\Theta} = 1.057 - 6.909\frac{RT}{F}pH - \frac{RT}{F}\ln[Fe^{2+}] \tag{7-12a}$$

假定温度、所有溶解组分和气体分压分别以 298.15K、10^{-2} mol/L 和 1bar 作为给定条件，因此以上平衡式可绘制出 Fe-H_2O 体系的 E-pH 图，如图 7-10 所示。图中 H_2/H^+ 与 pH 的平衡电位关系用深色虚线标出，其他反应则用实线标出。在 pH=7 时，H 还原的平衡线与之交点为 a，Fe 氧化的平衡线与之交点为 b，则无氧环境中 Fe 的腐蚀热力学可通过反应①和②得到：

$$\Delta E_{a-b} = E_{H_2/H^+}^{\ominus} - E_{Fe/Fe^{2+}}^{\ominus} = 0.440 - 2.303\frac{RT}{F}pH - \frac{RT}{2F}\ln[Fe^{2+}] - \frac{RT}{2F}\ln(P_{H_2})$$

$$(7-13)$$

经计算得到 $\Delta E_{a-b} = +85mV$，表明 H 还原和 Fe 氧化是在给定条件下热力学上是可行的，这是 Fe 在无氧溶液中发生腐蚀的理论解释。

NRB 在生长代谢过程中可将硝酸盐或亚硝酸盐还原为铵盐或 N_2，其反应及对应的平衡电位分别为：

$$⑦\ NO_3^- + 10H^+ + 8e \longrightarrow NH_4^+ + 3H_2O \qquad (7-14)$$

$$E_{NH_4^+/NO_3^-}^{\ominus} = 0.875 - 2.879\frac{RT}{F}pH - \frac{RT}{8F}\ln\left[\frac{NO_3^-}{NH_4^+}\right] \qquad (7-14a)$$

$$⑧\ 2NO_3^- + 12H^+ + 10e \longrightarrow N_2 + 6H_2O \qquad (7-15)$$

$$E_{N_2/NO_3^-}^{\ominus} = 1.246 - 2.764\frac{RT}{F}pH - \frac{RT}{10F}\ln\frac{[NO_3^-]^2}{P_{N_2}} \qquad (7-15a)$$

由以上反应式可知，硝酸盐的还原过程是从周围环境中获取电子完成其阴极过程。同样地对上述反应在 $E-pH$ 图中呈现，结果分别为⑦和⑧，与 pH = 7 对应的交点分别为 c 和 d。研究发现，NRB 在饥饿受限的情况下会通过 EET 从 Fe 中获取电子，因此在细菌在硝酸盐还原作用下与 Fe 的腐蚀热力学可通过反应⑦和②，⑧和②得到：

$$\Delta E_{c-b} = E_{NH_4^+/NO_3^-}^{\ominus} - E_{Fe/Fe^{2+}}^{\ominus} = 1.315 - 2.879\frac{RT}{F}pH - \frac{RT}{2F}\ln[Fe^{2+}] + \frac{RT}{8F}\ln\left[\frac{NO_3^-}{NH_4^+}\right]$$

$$(7-16)$$

$$\Delta E_{d-b} = E_{N_2/NO_3^-}^{\ominus} - E_{Fe/Fe^{2+}}^{\ominus} = 1.686 - 2.764\frac{RT}{F}pH - \frac{RT}{2F}\ln[Fe^{2+}] + \frac{RT}{10F}\ln\frac{[NO_3^-]^2}{P_{N_2}}$$

$$(7-17)$$

在给定的前提条件下，计算上述两式的结果分别为 $\Delta E_{c-b} = +856.4mV$ 和 $\Delta E_{d-b} = +1224.4mV$，即图中交点 c 至 b、d 至 b 的距离，且均大于 ΔE_{a-b}，充分表明 Fe 氧化和细菌的硝酸盐还原相结合的氧化还原反应在热力学是可行的，这也是关于 NRB 促进 Fe 发生腐蚀的理论解释。

7.4.3 细菌和应力协同作用对电化学的影响

正如第 2 章的电化学、第 3 章的微观形貌表征，以及影响腐蚀过程重要性因子分布的结果，NRB和力的协同作用可促进腐蚀的发生，因此基于上述的理论分析，有必要探究二者对电化学的影响。在应力作用下，尤其是发生塑性应变后，Fe的平衡电位会变负，在 $E-pH$ 图中为向下平移的浅色虚线，其与 $pH=7$ 的交点为e。因此在Fe氧化以及以硝酸盐还原为主的中性水溶液中，此时的平衡电位差为：

$$\Delta E_{c-e} = E_{NH_4^+/NO_3^-}^{\Theta} - E_{Fe/Fe^{2+}}^{\Theta'} = \Delta E_{c-b} - (\Delta E_e + \Delta E_p) = 856.4 + 91.23 = 947.63mV$$

$$(7-18)$$

$$\Delta E_{d-e} = E_{N_2/NO_3^-}^{\Theta} - E_{Fe/Fe^{2+}}^{\Theta'} = \Delta E_{d-b} - (\Delta E_e + \Delta E_p) = 1224.4 + 91.23 = 1315.63mV$$

$$(7-19)$$

在给定的条件下，ΔE_{c-e} 和 ΔE_{d-e} 的值，即图中交点c至e、d至e的距离均大于 ΔE_{c-b} 和 ΔE_{d-b}。上述结果表明：NRB和力的协同作用在热力学上更大地促进了腐蚀的发生，这也是NRB促进X80钢在应力作用下加速腐蚀的理论解释。

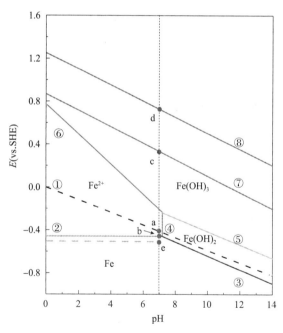

图7-10　含有硝酸盐还原反应以及应力作用下的 Fe-H_2O 体系 $E-pH$ 图

7.4.4　细菌和应力协同作用下的腐蚀开裂机理

研究发现，管线钢在高 pH 环境中发生 SCC 的断裂的相貌主要为沿晶开裂，特征为裂纹尖端尖锐、裂纹两侧腐蚀很小，其机理为晶界处选择性阳极溶解和裂纹尖端处钝化膜破裂。而关于管线钢在近中性 pH 环境中发生 SCC 的断裂特征为穿晶开裂，裂纹两侧有明显的侧向腐蚀，Pakins 分析了高 pH SCC 和近中性 pH SCC 发生的电位 pH 范围，发现在近中性 pH 溶液中，H 的作用是不可忽略的。随后，Gu 等推导了 H 和应力对阳极溶解速率的协同效应方程，研究发现在阳极溶解过程中会产生局部酸化，因此近中性 pH SCC 是由 H 促进阳极溶解机制为主导的。Cheng 建立了关于裂纹尖端氢、应力和阳极溶解相互作用的热力学模型，并提出含氢应力钢的裂纹扩展速率取决于无应力时 H 对阳极溶解速率的影响、无氢时应力对阳极溶解速率的影响、H 和应力对裂纹尖端阳极溶解速率的协同效应以及 H 浓度的变化对阳极溶解速率的影响。因此在中性 pH 环境中，管线钢的 SCC 机理是阳极溶解和氢脆共同协同作用机制。

目前关于在中性 pH 环境中 NRB 作用对 SCC 协同作用的影响仍不清楚。第 2 章和第 3 章的 SSRT 结果表明，NRB 在开路电位和阴极电位下均会增加 SCC 敏感性，并诱导其由韧性破坏向脆性破坏转变。因此，在无菌的 SCC 机理基础上，进一步探究中性 pH 环境中 NRB – SCC 机理。

分析认为在中性 pH 溶液中，裂纹尖端主要为阳极反应，阴极反应主要发生在裂纹壁。而当钢受到应力时，更多的氢原子扩散在裂纹尖端等应力集中较高的部位，从而会加速腐蚀的发生和裂纹的扩展。Cheng 等将腐蚀电流归纳为以下公式：

$$i_{corr} = i_a^0 \, i_c^0 \exp\left[\frac{E_c - E_a}{\beta_a + \beta_c}\right] \tag{7-20}$$

式中，i_a^0 和 i_c^0 分别为阳极反应和阴极反应的交换电流密度；β_a 和 β_c 分别为阳极反应和阴极反应的 Tafel 斜率；E_c 和 E_a 分别为阴极反应和阳极反应的平衡电位。在含有 NRB 的环境中，$E_c - E_a$ 的值大于无菌环境中的值，因此 i_{corr} 的值也相应增大，表明 NRB 促进了腐蚀过程。

此外，金属内部的氢原子可以增强阳极溶解。Cheng 和 Chu 等对热力学计算氢促进阳极溶解进行了研究，他们认为在相同的厌氧条件下，含氢和不含氢的钢试样腐蚀电流之间的关系可表示为：

$$k_H = \frac{i_{corr(H)}}{i_{corr}} = \exp\left[\frac{E_a - E_{a(H)}}{\beta_a + \beta_c}\right] \tag{7-21}$$

式中，$E_{a(H)}$ 为含氢钢的平衡电位；k_H 为含氢钢腐蚀电流加速系数；碳钢为

1.7。$\beta_a + \beta_c > 0$，因此 $E_a - E_{a(H)}$ 也大于 0，即 $E_{a(H)} < E_a$，表明当氢原子扩散到钢中时，钢的电极电位降低，电化学活性增加，因此同样增大腐蚀电流，即表明在裂纹尖端氢聚集区可同样促进阳极溶解的发生。在含有 NRB 的环境中，在相同条件下，$E_c - E_{a(H)}$ 的值更大，因此 i_{corr} 的值也相应增大，同样表明 NRB 促进了腐蚀过程。基于 Parkins 的滑移 – 氧化理论模型，可将裂纹扩展速率（Crack Growth Rate，CGR）表示为腐蚀电流密度的函数：

$$CGR = \frac{i_{corr}M}{zF\rho} \qquad (7-22)$$

式中，M 为相对原子质量；ρ 为金属密度。因此在含有 NRB 的环境中，i_{corr} 增大将使得裂纹扩散速率增加，致使 SCC 敏感性增大。

7.5　小结

本章首先利用 Fe/Cu 型腐蚀监测传感器，分别监测了 NRB 对母材、CGHAZ、母材 + 应力、CGHAZ + 应力 4 种不同情况的腐蚀行为，随后采用随机森林模型分析了各腐蚀因素影响的重要性，最后从理论上分析了 NRB 对应力腐蚀的影响，以揭示 NRB – SCC 的机理，得到主要结论如下。

（1）腐蚀监测传感器可有效反应 NRB 对不同组织和应力下 X80 钢的动态腐蚀过程，CGHAZ + 应力在整个实验周期腐蚀总量是最大的，4 种情况的累计腐蚀总量为 CGHAZ + 应力 > 母材 + 应力 > CGHAZ > 母材。

（2）腐蚀前期是影响整个腐蚀过程的重要组成部分。在腐蚀前期细菌数目增多使得腐蚀电流上升，而后随着细菌的衰亡，腐蚀电流下降。细菌数目、小角度晶界比例和温度是影响无应力 X80 钢的主要因素，对于有应力的情况，则为细菌数目、内核平均位错和原始奥氏体晶界。基于腐蚀监测传感器所测的腐蚀规律与电化学阻抗值的规律相一致。

（3）弹、塑性应变可使 X80 钢的平衡电位负移，NRB 的还原作用在热力学上极大地促进了钢铁发生腐蚀的倾向，且应力和细菌二者有协同作用。无论是阳极溶解还是氢脆机制，NRB 均增大了腐蚀电流密度，进一步增加了裂纹扩展速率，从而增大了 SCC 敏感性。

第8章 典型杀菌剂对管线钢微生物腐蚀防治研究

8.1 引言

在油气开采和管道运输过程中，很多微生物给石油工业的生产和发展带来极大的不便和危害。微生物在生长代谢、繁殖过程中，可引起钻采设备、注水管线及其他金属材料的严重腐蚀，并堵塞管道，损害油层，引起注水量、石油产量、油气质量下降，也为原油加工带来严重困难，造成极大的经济损失。因此，如何控制微生物的生长和繁殖是防止管道发生微生物腐蚀的先决条件。在工业领域，采用杀菌剂灭杀细菌是直接且高效的方法，添加杀菌剂是较简便、经济的防治微生物腐蚀方法。杀菌剂以分子形式吸附在细菌表面，通过破坏细菌的蛋白质和细胞质膜，达到抑制细菌生长繁殖的目的。

采用向油田和工业循环水系统中投加化学杀菌剂的方法，已成为生产厂家对水处理系统进行微生物污染治理的重要策略。Badawi 等制备出了 3 种烷基二甲基异丙基氢氧化铵杀菌剂，并对这 3 种杀菌剂的杀菌性能进行了测试。结果表明：3 种杀菌剂对 SRB 都有着优异的杀菌性能，在杀菌剂浓度为 0.1mol/L 时都能完全杀灭 SRB。Sheng 等利用电化学测试和扫描电子显微镜研究了 2 - 甲基苯并咪唑杀菌剂在含脱硫芽孢弧菌和新加坡脱硫弧菌的海水中对 316 不锈钢腐蚀的抑制作用。结果表明：在添加量为 0.5mmol/L 时，2 - 甲基苯并咪唑表现出优异的杀菌性能，对 2 种菌的抑制率都在 90% 以上。Lekbach 等采用电化学和表面分析技术研究了鼠尾草提取物和铜绿假单胞菌 304L 不锈钢的抑制作用，电化学结果表明：铜绿假单胞菌对 304L 不锈钢的微生物腐蚀有加速作用，而鼠尾草提取物对微生物腐蚀有抑制作用，抑制率为 $(97.5 \pm 1.5)\%$。

基于目前广泛研究的杀菌剂胺类、杂环类以及天然产物提取物杀菌剂，本章选用 X80 钢作为试验对象，探究两种杀菌剂异噻唑啉酮(5 - 氯 - 2 - 甲基 - 4 -

异噻唑啉 – 3 – 酮，CMIT 杂环类）和苯扎溴铵（十二烷基二甲基苄基氯化铵，1227胺类）对 X80 钢在 NRB 环境中腐蚀行为的影响，探究了不同种类和不同浓度杀菌剂对微生物活性的影响，以及对微生物腐蚀行为的抑制作用。

8.2 研究方法

8.2.1 药敏试验

药敏试验采用纸片扩散法进行测试，首先用打孔机制作直径为 6mm 的空白药敏纸片 50 张，将制作好的药敏纸片分组放置于棕色西林瓶中并在灭菌锅中（121℃，21min）灭菌，将灭菌后的西林瓶置于烘干箱中 72h 去除多余的水分。其次，在无菌实验室洁净台中，将两种杀菌剂原液加入装有药敏纸片的棕色西林瓶中并拧紧瓶盖密封，将西林瓶放入恒温烘干箱烘干。杀菌药物的总添加量为药敏纸片所需浓度、体积、西林瓶中药敏纸片数量的乘积。

在无菌实验室洁净台中，从每个西林瓶中取一片烘干后的药敏纸片置于涂有灭菌培养基琼脂的平板中心，做好标记后放置于恒温箱恒温培养 24h 后观察平板上是否有杂菌污染，若出现污染细菌生长，则该组西林瓶中的药敏纸片全部丢弃不用，未出现污染的纸片可用作后续试验，制作 LB 培养基的琼脂平板若干，使用前均在紫外灯下照射 2h 进行紫外灭菌操作，用移液器吸取 200μL 两种 NRB 菌种加于平板中央，用涂布器均匀涂开菌液，取制作好的药敏纸片放置于平板中央，并用镊子轻轻压实，倒置平板培养 1 ~ 2d 后观察抑菌圈直径。每个试验做 3组平行对照，最后测量的 3 组抑菌圈直径剔除误差过大的数据后取平均值。

8.2.2 生长曲线特性分析

细菌生长曲线的绘制采用平板稀释涂布法。将添加杀菌剂后的接种菌液在37℃恒温箱中恒温培养，取出冷藏保存的菌种置于无菌实验室洁净台解冻，用移液枪吸取 1mL 菌种滴入 100mL 灭菌培养基中复活，置于 37℃恒温箱中恒温培养。在 9mL 灭菌 PBS 溶液中滴加 1mL 待测菌液中，制成待测液的 10^{-1} 稀释液，振荡摇匀后在 9mL 灭菌 PBS 溶液中滴加 1mL 10^{-1} 稀释液，制成待测液 10^{-2} 稀释液，重复此操作，直至制成 10^{-8} 倍数的稀释液，每个稀释浓度制作 3 组平行试样以减小误差。吸取 100μL 稀释液用涂棒均匀涂在灭菌 LB 琼脂平板上，倒置放于恒温箱中培养 24h 后取出琼脂板，选取平板菌落个数范围在 30~100 的稀释浓度统计菌落生长个数。剔除误差较大(差别在 10^2 数量级之上)数据后取平均数，即为该稀释浓度下每 100μL 中细菌个数。试验过程中所有的操作均在无菌操作台上完成，试验中使用过的所有器皿、溶液和试剂都要进行提前灭菌操作以免除染菌。

8.3 试验结果与讨论

8.3.1 药敏测试分析

图 8-1 所示为纸片扩散法试验后的琼脂平板形态。两种抗菌药物的药敏试验结果都产生了清晰可见的抑菌圈，其中，异噻唑啉酮对地衣芽孢杆菌和蜡状芽孢杆菌产生的抑菌圈分别为 37mm 和 35mm，苯扎溴铵对地衣芽孢杆菌和蜡状芽孢杆菌的产生抑菌圈分别为 28mm 和 26mm。参考常用抗菌药机的抑菌圈直径判定标准(R≤24，25 < Ⅰ <29，S≥29)，异噻唑啉酮对两种 NRB 的抗菌级别都为 S 级别，证明异噻唑啉酮对两种细菌都具有良好的杀菌功能。苯扎溴铵对两种 NRB 的抗菌级别都为 Ⅰ 级别，也具有良好的杀菌功能。

异噻唑啉酮药物形成的抑菌圈呈圆形或椭圆形，抑菌圈边缘不平整，不同位置的直径测量差距在 1~4mm，最终抑菌圈直径为最大直径与最小直径的平均值。苯扎溴铵药物形成的抑菌圈呈规则的圆形，不同位置的直径测量差距在 1mm 左右，抑菌圈中间形成的规则圆环是药物中的某些共价键与 LB 培养基有机成分之间发生了络合反应，并不表明此处出现了细菌生长。

不同位置的直径差异是扩散速度所引起的，而导致扩散速度不一致的原因可能为药敏纸片中抗菌药物分布不均匀和平板中细菌分布不均匀。在其他条件相同时，药敏纸片抗菌药物浓度较高的方向，抗菌药物的最终扩散距离要大于浓度较低的方向，导致最后形成抑菌圈的边缘参差不齐。若平板中细菌分布不均匀，则细菌分布较多的方向，消耗的抗菌药物较多，导致该方向最后形成的抑菌圈直径较小。

(a)CMIT对地衣芽孢杆菌

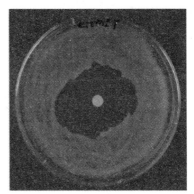
(b)CMIT对蜡状芽孢杆菌

(c)1227对地衣芽孢杆菌

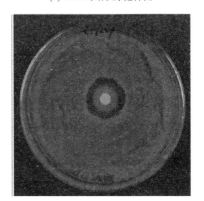
(d)1227对蜡状芽孢杆菌

图8-1　纸片扩散法平板形貌

表8-1　药敏试验抑菌圈直径结果　　　　　　　　　　mm

	地衣芽孢杆菌	蜡状芽孢杆菌
CMIT	37	35
1227	28	26

图8-2所示为添加不同杀菌剂类型和浓度后NRB的生长规律曲线。在不添加杀菌剂时两种NRB的生长特性差距不大。在培养的第1d，环境中细菌数量呈对数式迅速生长，生长曲线斜率接近于1，这段时期成为细菌的对数生长期。在第1~5d内，环境中的细菌仍处于增长期，但整体增长较第一时期更为缓慢，这段时期成为细菌的缓慢增长期。在体系第6d后，环境中细菌数量整体保持一致，曲线在小范围内上下波动，这段时期成为细菌的稳定期。地衣芽孢杆菌的稳定期数量为2×10^7个/mL左右，NRB的稳定期数量为9×10^6个/mL左右。

图 8 – 2 中—●—为添加 30mg/L 杀菌剂后 14d 内的细菌生长曲线。在添加 30mg/L 的杀菌药物后，可以看出在体系的前 3d 并未出现细菌生长，在第 3d 左右杀菌剂开始失效，体系中出现了细菌生长，在第 3d 后，细菌生长也呈对数生长期—缓慢增长期—稳定期趋势，在生长的第 9d 左右维持稳定。

图 8 – 2 中—▲—为添加 80mg/L 杀菌剂后 14d 内的细菌生长曲线。在添加 80mg/L 的杀菌药物后，可以看出在体系的前 5d 都没有出现细菌生长，在第 5d 左右杀菌剂开始失效，体系中出现了细菌生长，在第 5d 后，细菌生长也呈对数生长期—缓慢增长期—稳定期趋势，在生长的第 11d 左右维持稳定。

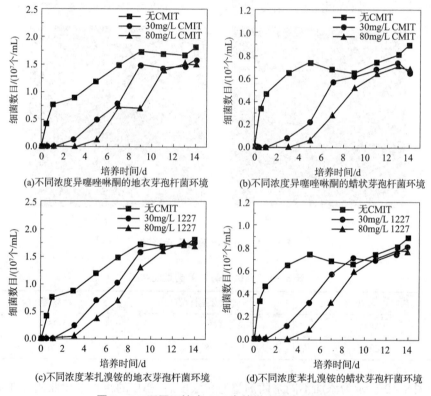

(a)不同浓度异噻唑啉酮的地衣芽孢杆菌环境
(b)不同浓度异噻唑啉酮的蜡状芽孢杆菌环境
(c)不同浓度苯扎溴铵的地衣芽孢杆菌环境
(d)不同浓度苯扎溴铵的蜡状芽孢杆菌环境

图 8 – 2　不同环境中 14d 内的微生物生长曲线

杀菌剂添加浓度越高，环境中无细菌生长时期越长，在添加浓度为 30mg/L 时，环境中无细菌生长期的时间约为 3d，而当添加浓度上升到 80mg/L 时，无细菌生长期的时间提高到了 6d。随着时间推移，杀菌剂药效逐渐减弱，体系中渐渐出现细菌生长，且仍然符合对数生长期—缓慢增长期—稳定期的规律。对比两种杀菌剂体系，异噻唑啉酮体系无细菌生长期的时间要大于苯扎溴铵体系，在环境中出现细菌生长后，苯扎溴铵体系的生长曲线表现出更大的斜率。因此添加浓度相同时，异噻唑啉酮相比于苯扎溴铵具有更高效的杀菌效果，这与药敏试验的结果相吻合。

8.3.2　抗菌形貌分析

将不同体系中浸泡7d、14d的试样取出，用磷酸缓冲液漂洗除去表面附着的细菌，在2.5%（V/V）戊二醛溶液中浸泡8h固定生物膜，在不同浓度乙醇中逐级脱水后在扫描电子显微镜下观察，结果如图8-3所示。

图8-3（a）和（b）所示为X80钢在无菌体系中浸泡7d、14d后试样表面的微观形貌图。在浸泡7d后，试样表面几乎未发生腐蚀，表面平整光滑，浸泡7d后磨样时留下的划痕依然清晰可见。在浸泡14d后，试样表面产生大量球状腐蚀产物，部分区域球状腐蚀产物相互联结，形成较大的层状覆盖，对基体会产生一定的保护作用。

图8-3（c）和（d）所示为X80钢在NRB环境中浸泡7d、14d后试样表面的微观形貌图。浸泡7d后，试样表面已经发生了非常严重的腐蚀，腐蚀产物呈层状覆盖在试样表面，并在部分区域腐蚀产物发生了较为严重的龟裂，龟裂的间隙处暴露了试样基体，并附着大量的细菌。在腐蚀产物上方，覆盖了数量极多的蜡状芽孢杆菌胞外分泌物，由于胞外分泌物导电性差，电子难逸散，容易发生聚集，所以在扫描电子显微镜下呈白色。蜡状芽孢杆菌呈杆状，长度为5~10μm，分布在胞外分泌物与腐蚀产物间隙中，促进了腐蚀的发生。在浸泡14d后，腐蚀加剧，腐蚀产物分布更为广泛，虽然仍然发生了龟裂，但间隙已经几乎不见试样基体，腐蚀产物上的胞外分泌物与蜡状芽孢杆菌已经均匀大规模地覆盖在腐蚀产物上。

图8-3（e）和（f）所示为X80钢在含菌体系和30mg/L异噻唑啉酮体系中浸泡7d、14d后试样表面的微观形貌。浸泡7d后，试样表面发生了程度微小的腐蚀，腐蚀产物呈层状均匀覆盖在基体表面并出现微小的龟裂，相较于不加杀菌剂的体系，试样表面细菌数量大幅降低，只在腐蚀产物龟裂处分布少量胞外分泌物。浸泡14d后腐蚀产物的龟裂现象加剧，并出现少量片层状腐蚀产物，胞外分泌物含量也进一步增多，并聚集在片层状腐蚀产物中。图8-3（g）和（h）所示为X80钢在含菌体系中添加80mg/L异噻唑啉酮体系中浸泡7d、14d微观形貌。浸泡7d后，试样表面发生了轻微的腐蚀和龟裂现象，试样磨痕依然清晰可见，试样表面分布极少量的胞外分泌物。浸泡14d后，腐蚀加剧，腐蚀产物均匀分布在基体

上，腐蚀产物上分布少量胞外分泌物，但相较 30mg/L 体系已大幅减少。

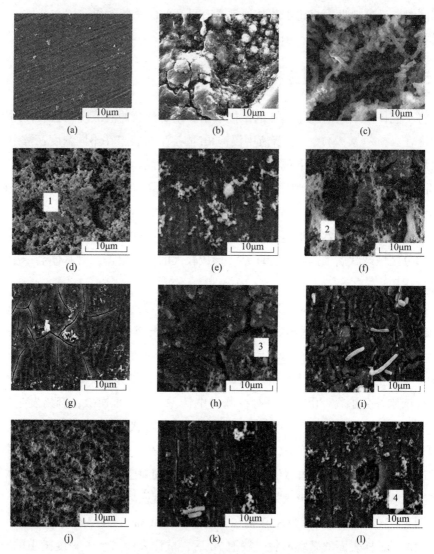

图 8 - 3　X80 钢在不同体系中浸泡 7d、14d 的 SEM 形貌

(a)(b)：在无菌体系中浸泡 7d、14d；(c)(d)：在蜡状芽孢杆菌中浸泡 7d、14d；
(e)(f)：在蜡状芽孢杆菌 + 30mg/L 异噻唑啉酮体系中浸泡 7d、14d；
(g)(h)：在蜡状芽孢杆菌 + 80mg/L 异噻唑啉酮体系中浸泡 7d、14d；
(i)(j)：在蜡状芽孢杆菌 + 30mg/L 苯扎溴铵中浸泡 7d、14d；
(k)(l)：在蜡状芽孢杆菌 + 80mg/L 苯扎溴铵中浸泡 7d、14d

图 8 - 3(i) ~ (l) 所示为 X80 钢在含菌体系中加入 30mL/L 与 80mg/L 的苯扎溴铵体系浸泡 7d、14d 后试样表面的微观形貌。在浸泡 7d 后，两种体系试样表

面都发生了小程度的腐蚀，细菌和胞外分泌物零零散散分布在试样表面，添加了30mg/L苯扎溴铵的体系中腐蚀产物的龟裂现象更加严重。在浸泡14d后，30mg/L苯扎溴铵的体系中，表面龟裂处已经分布了较多的细菌和胞外分泌物，说明14d后，杀菌剂的杀菌效力已经失效，细菌开始生长，并沿着龟裂缝隙处附着在试样表面。添加了80mg/L苯扎溴铵的体系中细菌和胞外分泌物依然分布不均匀，在某些区域聚集，并产生了点蚀现象，蚀坑内聚集了大量胞外分泌物，间接证明细菌的存在促进了腐蚀，而细菌的聚集区，优先发生了点蚀。横向对比两种杀菌剂，在添加浓度相同时，异噻唑啉酮体系中的细菌和胞外分泌物明显少于苯扎溴铵体系，说明异噻唑啉酮的杀菌效力一定程度要优于苯扎溴铵，此结果与药敏试验的结果也互相符合。

在上述体系中浸泡14d后的试样选取两个位置进行EDS能谱分析，分析结果见表8-2。

表8-2 不同体系浸泡14d后试样表面EDS分析结果

	C	O	P	Fe	S	Na	Si
1	9.64	37.87	12.11	39.82	0.79	6.76	1.02
2	8.48	49.84	12.90	30.17	0.40	4.95	0.78
3	8.65	52.91	11.86	31.78	0.79	4.78	0.89
4	10.61	45.19	13.43	31.57	2.04	6.24	0.59

在不同体系中，有细菌和胞外分泌物分布的区域C、O元素含量更高，Fe元素含量分布更低，P、S元素含量分布水平大致相同但整体偏低。C、O元素是构成细菌和胞外分泌物的重要有机元素，而Fe元素是构成基体和腐蚀产物的主要元素。所以在细菌和胞外分泌物分布的区域有更多的C元素和O元素，而含有更少的Fe元素。P元素也是构成细菌和胞外分泌物的重要有机元素，但在两个区域，P元素含量差别并不大，甚至腐蚀产物区域含有更多的P元素，这是因为层状的腐蚀产物是Fe的磷酸盐，因此导致腐蚀产物分布区域含有更多的P元素。更多的S元素分布是因为培养基中含有的少量S元素导致FeS腐蚀产物的产生，导致两种区域之间S元素含量的微小差异。

取在蜡状芽孢杆菌+80mg/L异噻唑啉酮体系和地衣芽孢杆菌+80mg/L苯扎溴铵体系中浸泡14d后的试样，做XPS元素分析，其结果如图8-4所示。图8-4(a)和(c)为Fe的2p轨道峰谱。712.30eV、711.00eV、710.30eV和

709.50eV4 个峰，分别对应 4 种腐蚀产物：$Fe_3(PO_4)_2$、$FeO(FeS)$、Fe_2O_3 和 $FeCOOH$。峰面积对应含量，两种体系中 $Fe_3(PO_4)_2$ 峰的面积都很大，证明体系中生成了大量铁的磷酸盐产物，这与 EDS 的结果相吻合。图 8-4(b)(d) 为 O 1s 轨道峰谱，O 的元素峰谱拟合结果显示了 4 种峰：OH^-、O^{2-}、—$(C \!=\! O)$—O—（—OH）和—$COOH$。OH^-、O^{2-}、—$(C \!=\! O)$—O—（—OH）的化学键是细胞壁和核酸的主要组成部分，显示试样表面存在大量细菌和胞外分泌物，—$COOH$ 化学键则是羟基氧化铁的一部分，这与 Fe 元素的峰谱图结果互相吻合。

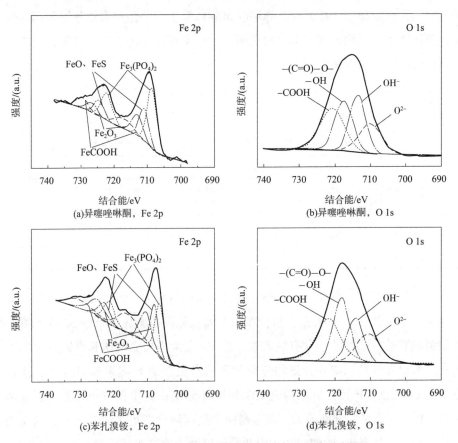

图 8-4　X80 钢在含菌体系中添加 80mg/L 异噻唑啉酮
和添加 80mg/L 苯扎溴铵中浸泡 14d 后的 XPS 谱图

8.3.3　失重分析

将处理过后的试样用打点器在背面做标记，之后在天平中测量试样的初始重量。在浸泡第 7d 和第 14d 后的试样取出，随后对 X80 钢试样进行除锈，以去除试样表面的细菌膜和腐蚀产物。测量除锈后的试样质量得到试样的腐蚀失重以及腐蚀速率。图 8 - 5 所示为 X80 钢在蜡状芽孢杆菌和不同杀菌剂浓度体系中浸泡 7d 和 14d 的腐蚀速率测量结果，表 8 - 3 所示为 X80 钢在蜡状芽孢杆菌和不同杀菌剂浓度体系中浸泡 7d 和 14d 的失重结果。在体系中不含有杀菌剂时，X80 钢在蜡状芽孢杆菌环境中浸泡 7d 和 14d 的腐蚀速率分别为 $5.16mg/cm^2$ 和 $8.71mg/cm^2$，在体系中添加 30mg/L 异噻唑啉酮时，腐蚀速率为 $2.83mg/cm^2$ 和 $6.29mg/cm^2$，分别降低了 45.16% 和 27.78%，在体系中添加 80mg/L 异噻唑啉酮时，腐蚀速率为 $2.07mg/cm^2$ 和 $4.77mg/cm^2$，分别降低了 59.88% 和 45.24%。在体系中添加 30mg/L 苯扎溴铵时，质量损失为 $3.05mg/cm^2$ 和 $6.72mg/cm^2$，腐蚀速率分别降低了 40.89% 和 22.84%，在体系中添加 80mg/L 苯扎溴铵时，质量损失为 $2.24mg/cm^2$ 和 $5.22mg/cm^2$，腐蚀速率分别降低了 52.71% 和 40.07%。

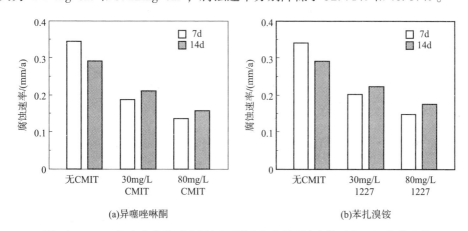

(a)异噻唑啉酮　　　　　　　　(b)苯扎溴铵

图 8 - 5　X80 钢在含菌体系中添加不同异噻唑啉酮浓度体系和不同苯扎溴铵
浓度体系中浸泡 7d、14d 后的腐蚀速率

表 8 - 3　X80 钢在不同体系中浸泡 7d、14d 的质量损失

	无杀菌剂	30mg/L 异噻唑啉酮	80mg/L 异噻唑啉酮	30mg/L 苯扎溴铵	80mg/L 苯扎溴铵
浸泡 7d 质量损失/（mg/cm²）	5.16	2.83	2.07	3.05	2.24
浸泡 14d 质量损失/（mg/cm²）	8.71	6.29	4.77	6.72	5.22

从两种体系中的腐蚀速率测量结果可以看出，添加杀菌剂明显降低了试样的腐蚀速率，且添加浓度越高，腐蚀速率越低。当添加浓度相同时，异噻唑啉酮的效果优于苯扎溴铵，这与药敏试验的结果相吻合。这证明杀菌剂延缓了试样的腐蚀，并且浓度越高效果越好。杀菌剂吸附在试样表面，杀灭了溶液环境中的细菌，SEM 图像显示杀菌剂阻止了细菌附着，并在试样表面分泌更少的胞外分泌物，这可能是导致杀菌剂延缓腐蚀的原因。

在不添加杀菌剂体系中，浸泡 7d 的腐蚀速率更大，而在添加杀菌剂的体系中，浸泡 7d 的腐蚀速率小于浸泡 14d 的腐蚀速率。这是因为在无杀菌剂体系中，细菌在前 7d 左右经历了对数生长期和稳定生长期快速到达稳定期，SEM 图像显示浸泡 7d 后试样表面已经覆盖了大规模的细菌膜和胞外分泌物，而这些细菌膜在 7 ~ 14d 时会对基体起到一定的保护作用，从而在一定程度上延缓了试样。而在杀菌剂体系中，从生长曲线中可以看出在浸泡初期体系中并没有细菌生长，而在浸泡时间达到 5 ~ 6d 后，体系中开始出现细菌生长并大规模繁殖覆盖在试样表面，加速了试样的腐蚀，所以在杀菌剂体系中浸泡前 7d 的腐蚀速率更大，而在不添加杀菌剂的体系中，浸泡前 7d 的腐蚀速率更小。

8.3.4 腐蚀形貌分析

X80 钢在蜡状芽孢杆菌 + 不同体系中浸泡 14d 除锈后的表面形貌如图 8 - 6 所示。图 8 - 6(a)所示为不添加任何杀菌剂体系浸泡 14d 除锈后的表面形貌。试样表面发生了严重的点蚀，蚀坑均匀地分布在整个表面。这可能是细菌聚集的结果，在细菌聚集区域，菌丝可作为电子流通的通道，并且部分学者认为细菌可直接摄取电子以加速反应的进行，因此细菌的聚集大幅促进了腐蚀电化学反应的发生，导致该区域发生严重点蚀。而在不添加杀菌剂体系中，细菌几乎覆盖在试样的整个表面，因此点蚀大规模发生。

图 8 - 6(b)和(c)所示为 X80 钢在含菌体系和不同浓度异噻唑啉酮体系中浸泡 14d 除锈后的表面形貌。在添加浓度为 30mg/L 的体系中，试样表面同样发生了大规模的点蚀，并且有了从点蚀转变为全面腐蚀的倾向。但相较于不添加杀菌剂的体系，点蚀坑明显更少且深度更小。在添加浓度为 80mg/L 的体系中，试验表面保护较为完整，磨样时的划痕仍然清晰可见，试样表面完全没有全面腐蚀的倾向，点蚀只在小范围内发生，且蚀坑小且少。可见，异噻唑啉酮的添加对基体产生了保护作用，究其原因为杀菌剂的添加杀死了体系中的细菌且杀菌剂能吸附

在试样表面形成一层"保护膜"，因此延缓了试样腐蚀的发生。

图 8 - 6(d) 和 (e) 所示为 X80 钢在含菌体系和不同浓度苯扎溴铵体系中浸泡 14d 除锈后的表面形貌。在添加浓度为 30mg/L 的体系中，试样表面的点蚀已经发生了比较明显的均匀腐蚀，虽然存在一定数量的蚀坑，但蚀坑大多尺寸较大，深度较浅，试样的腐蚀形式仍然是均匀腐蚀。在 SEM 结果中，该体系浸泡 14d 后试样表面已经比较均匀地覆盖了小规模的胞外分泌物，这可能是导致均匀腐蚀发生的原因。在添加浓度为 80mg/L 的体系中，试样表面依然平整光滑，部分区域产生了微小的点蚀坑，综合 SEM 的结果，点蚀的起因是体系杀菌剂药效减弱，细菌在部分区域富集，促进腐蚀电化学反应的发生引起了点蚀。

(a)蜡状芽孢杆菌

(b)蜡状芽孢杆菌+30mg/L异噻唑啉酮

(c)蜡状芽孢杆菌+80mg/L异噻唑啉酮

(d)蜡状芽孢杆菌+30mg/L苯扎溴铵

(e)蜡状芽孢杆菌+80mg/L苯扎溴铵

图 8 - 6　X80 钢在蜡状芽孢杆菌 + 不同体系中浸泡 14d 除锈后的表面形貌

综上所述，向体系中添加杀菌剂，明显起到延缓腐蚀的作用。原因为：杀菌剂杀死了环境中的细菌，并且可以吸附在试样表面对基体产生保护作用。杀菌剂的添加浓度越高，对基体的保护作用越强，且异噻唑啉酮的缓蚀效果要优于苯扎溴铵，这与药敏试验异噻唑啉酮具有更大的抑菌圈相吻合。

将不同体系中浸泡 14d 除锈后的试样在 CLSM 下观察其点蚀形貌及点蚀坑深度，分析测量结果，结果如图 8 – 7 所示。

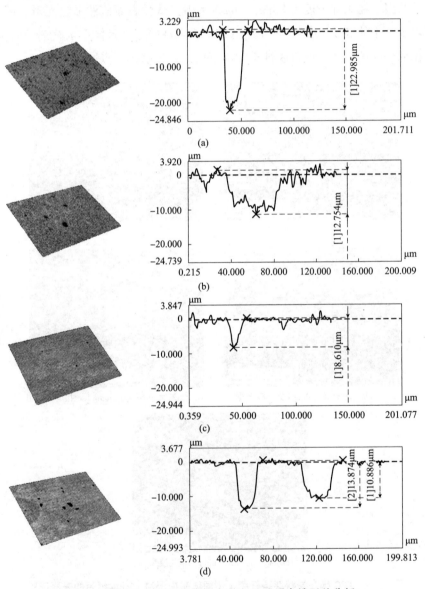

图 8 – 7　X80 钢在不同体系中浸泡 14d 后点蚀形貌分析

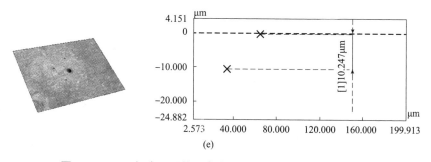

图 8 - 7　X80 钢在不同体系中浸泡 14d 后点蚀形貌分析 (续)

8.3.5　电化学行为

电化学交流阻抗谱可定量提供腐蚀速率，可以用来反映金属与生物膜界面之间的电化学过程，腐蚀产物及生物膜的生成，且由于其激励信号很微弱，一般被认为是一种无损检测技术。图 8 - 8 所示为 X80 钢在不同体系中浸泡 1d、4d、7d 和 14d 的 EIS 结果。在浸泡周期内，中频时段的阻抗弧随时间延长呈现先增大，7d 后达到最大值，14d 又有所减小。阻抗弧的大小代表反应进行的总阻力大小，初期增大的原因是在浸泡前几天，试样表面的细菌发生附着，细菌膜不断形成和增厚，对基体产生一定保护作用，阻碍了氧渗透和离子传递。7d 后的阻抗弧减小可能是细菌膜的形成—脱落—再形成的动态过程所致。

在添加了杀菌剂的体系中，试样的阻抗弧在 14d 内大多呈先增大后减小的趋势。阻抗弧的不断增大代表试样拥有更低的腐蚀反应发生倾向，这是在试验初期，杀菌剂抑制了环境中细菌生长。但随着时间推移，环境中杀菌剂的药效逐渐减弱，细菌逐渐开始生长并渐渐地附着在试样表面，对腐蚀反应产生了促进作用。

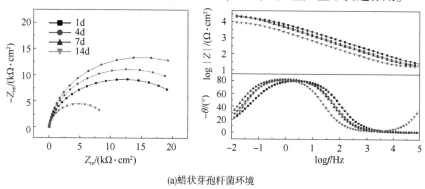

(a)蜡状芽孢杆菌环境

图 8 - 8　不同环境中 X80 钢的 Nyquist 和 Bode 曲线

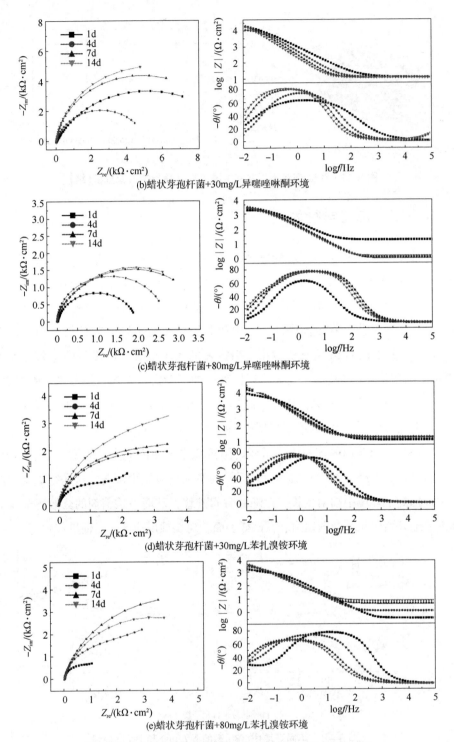

(b)蜡状芽孢杆菌+30mg/L异噻唑啉酮环境

(c)蜡状芽孢杆菌+80mg/L异噻唑啉酮环境

(d)蜡状芽孢杆菌+30mg/L苯扎溴铵环境

(e)蜡状芽孢杆菌+80mg/L苯扎溴铵环境

图8-8 不同环境中 X80 钢的 Nyquist 和 Bode 曲线（续）

在不添加杀菌剂体系中，浸泡初期细菌便大规模附着在试验表面，细菌膜作为独立元件，同时具有电容性和电阻性，R_b代表细菌膜和产物电阻，采用图8-9(b)的等效电路进行拟合。在添加杀菌剂的体系中，浸泡初期，环境中并没有细菌进行生长，Nyquist图的阻抗呈完整的半圆状，采用图8-9(a)的等效电路进行拟合。浸泡后期，杀菌剂失效，环境中细菌出现生长繁殖并逐渐附着在试样表面，采用图8-9(b)的等效电路进行拟合。在添加30mg/L的苯扎溴铵体系中，曲线的低频区出现了明显的扩散Warburg感抗，采用图8-9(c)的拟合电路进行分析。溶液电阻用R_s表示；电极表面的双电层电容用

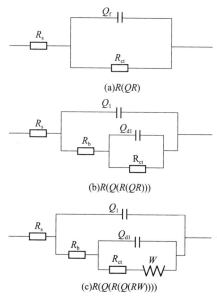

图8-9　交流阻抗谱在不同体系中的拟合电路

Q_{dl}表示；电极表面的电荷转移电阻用R_{ct}表示。各体系下阻抗模型拟合参数见表8-4，其中R_{ct}值通常用来评估体系的腐蚀速率。从拟合结果可以看出，其变化趋势几乎与Nyquist图的阻抗弧一致。稳定后，无杀菌剂体系中R_{ct}普遍大于添加杀菌剂体系R_{ct}值，代表杀菌剂的添加大幅降低了体系的腐蚀速率。

表8-4　X80钢在不同体系中的电化学阻抗模型参数

体系	天数	$R_s/$ $(\Omega \cdot cm^2)$	$Q_b/$ $(\Omega \cdot cm^2 \cdot s^n)$	$R_b/$ $(\Omega \cdot cm^2)$	$Q_{dl}/$ $(\Omega \cdot cm^2 \cdot s^n)$	$R_{ct}/$ $(\Omega \cdot cm^2)$	$W/$ $(\Omega \cdot cm^2 \cdot s^{0.5})$
蜡状芽孢杆菌	1	17.12	1.416×10^{-4}	17800	6.852×10^{-4}	2308	—
	4	16.26	2.176×10^{-4}	24340	7.003×10^{-4}	3211	—
	7	15.95	2.546×10^{-4}	19480	2.083×10^{-4}	3512	—
	14	10.61	2.145×10^{-4}	9613	4.878×10^{-4}	2780	—
蜡状芽孢杆菌 +30mg/L 异噻唑啉酮	1	12.63	—	—	4.293×10^{-4}	5333	
	4	12.13	—	—	5.665×10^{-4}	3060	
	7	11.62	4.200×10^{-4}	751.1	3.992×10^{-4}	7884	
	14	10.01	2.367×10^{-4}	117.2	1.154×10^{-4}	6440	

体系	天数	$R_s/$ $(\Omega \cdot cm^2)$	$Q_b/$ $(\Omega \cdot cm^2 \cdot s^n)$	$R_b/$ $(\Omega \cdot cm^2)$	$Q_{dl}/$ $(\Omega \cdot cm^2 \cdot s^n)$	$R_{ct}/$ $(\Omega \cdot cm^2)$	$W/$ $(\Omega \cdot cm^2 \cdot s^{0.5})$
蜡状芽孢杆菌 +80mg/L 异噻唑啉酮	1	15.88	—	—	7.034×10^{-4}	1930	—
	4	17.66	—	—	3.278×10^{-4}	4859	—
	7	16.27	—	—	8.816×10^{-4}	9276	—
	14	11.34	1.022×10^{-4}	109.4	1.667×10^{-4}	6920	—
蜡状芽孢杆菌 +30mg/L 苯扎溴铵	1	10.55	—	—	6.278×10^{-4}	1477	2.879×10^{-3}
	4	14.16	—	—	1.008×10^{-4}	3716	2.942×10^{-3}
	7	14.50	5.717×10^{-4}	103.8	1.234×10^{-4}	4511	2.195×10^{-3}
	14	14.29	6.664×10^{-4}	193.04	6.272×10^{-3}	4819	1.475×10^{-3}
蜡状芽孢杆菌 +80mg/L 苯扎溴铵	1	15.88	—	—	5.753×10^{-4}	3512	2.514×10^{-3}
	4	17.54	—	—	1.091×10^{-4}	4377	1.711×10^{-3}
	7	10.08	—	—	1.552×10^{-4}	8346	7.994×10^{-3}
	14	9.85	1.440×10^{-4}	1759	2.185×10^{-4}	7687	7.172×10^{-3}

进一步地对极化曲线进行了测量，如图 8 - 10 所示。在未添加杀菌剂时，随着电位升高，阳极的极化曲线表示试样表面发生了金属离子向高价态的氧化物的反应，X80 钢中含有一定 Mn、Cr 元素，随着电位升高，Mn、Cr 元素可能发生了向高价态氧化物转变的反应。随着电位继续升高，达到 -350mV 左右时，曲线显示氧化物发生溶解。添加杀菌剂后，各体系极化曲线向左上方移动，阳极极化曲线也没有金属离子向高价态氧化物反应的发生，这是因为杀菌剂吸附在试样表面，阻止了金属离子向高价态氧化物的转变。且当添加浓度为 30mg/L 时，两种药剂均可以吸附在试样表面，阻止了金属离子向高价态氧化物的转变反应发生。

腐蚀电位 E_{corr} 通常用来评估材料腐蚀的热力学倾向，腐蚀电位越高通常腐蚀发生的倾向越低。在不添加杀菌剂时，体系的自腐蚀电位为 -0.819V，添加杀菌剂体系中腐蚀电位均发生了不同程度的升高，浓度越高，升高越明显。塔菲尔区拟合得到的腐蚀电流密度通常用来评价材料的腐蚀速率，结果如表 8 - 5 所示。在不添加杀菌剂时，腐蚀电流密度达到 $8.614\mu A/cm^2$，添加杀菌剂后腐蚀电流密度降低，在添加浓度在 80mg/L 时，效果尤为明显。添加浓度相同时，材料处于异噻唑啉酮体系中的腐蚀电流密度要低于苯扎溴铵体系。

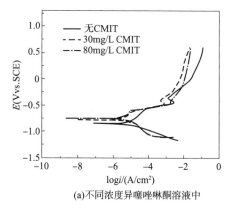

(a)不同浓度异噻唑啉酮溶液中

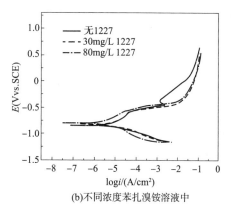

(b)不同浓度苯扎溴铵溶液中

图8-10　X80钢在不同体系中浸泡14d后的极化曲线

表8-5　X80钢在不同体系中浸泡14d后的极化曲线拟合数据

	蜡状芽孢杆菌	蜡状芽孢杆菌 +30mg/L异噻 唑啉酮	蜡状芽孢杆菌 +80mg/L异噻 唑啉酮	蜡状芽孢杆菌 +30mg/L苯扎 溴铵	蜡状芽孢杆菌 +80mg/L苯扎 溴铵
E_{corr}/V	-0.819	-0.818	-0.705	-0.863	-0.729
$i_{corr}/(\mu A/cm^2)$	8.614	6.169	2.888	5.803	3.847

8.4　分析与讨论

上述结果表明：两类杀菌剂均对细菌活性产生抑制作用，并进一步减缓细菌腐蚀。两类杀菌剂在油田生产和水工业领域均得到广泛的应用，但二者杀菌机理不同。其中，异噻唑啉酮类杀菌是亲电活性杀菌剂，依靠异噻唑啉酮杂环上的活性部分与细菌体内蛋白质中DNA分子上的碱基形成氢键，并在细菌的细胞上吸附，起到攻击细胞亲核的作用，从而破坏细胞内DNA的结构，使其失去复制能力，丧失相关生理、生化反应以及代谢活动，从而使细胞死亡。异噻唑啉酮衍生物的不同结构使其具有不同的性质特点，支链短的异噻唑啉酮的衍生物水溶性好，为杀细菌剂；支链长的异噻唑啉酮的衍生物水溶性较差，为杀真菌剂。而季铵盐是一类应用非常广泛的阳离子型杀菌剂，该类杀菌剂具有水溶性好、合成工艺简单、安全低毒、性能稳定和生物活性强等特点，广泛应用于油田水处理系统的杀菌中。其杀菌机理为：在水溶液中季铵盐分子中的阳离子基团与呈负电性的细菌细胞膜发生静电吸附作用，进而附着到菌体表面，之后与细菌细胞膜上的脂质和结构蛋白发生反应。同时，季铵盐分子中的疏水基团穿透、破坏细菌的细胞膜，从而达到杀灭细菌的效果。

在实验体系中添加杀菌剂，对管线钢明显起到延缓腐蚀的作用，这主要是因为杀菌剂抑制了环境中细菌的新陈代谢，并且可以吸附在试样表面对基体产生保护作用。杀菌剂的添加浓度越高，对基体的保护作用越强，且异噻唑啉酮的缓蚀效果要优于苯扎溴铵，这与药敏试验异噻唑啉酮具有更大的抑菌圈相吻合。

8.5 小结

(1) NRB 环境中，腐蚀产物皲裂明显，部分基体发生裸露且附着大量细菌，添加杀菌剂后，试样表面附着的细菌显著减少，且腐蚀产物与生物膜覆盖完整。杀菌剂添加浓度越高，试样表面附着的细菌越少。

(2) EDS 能谱显示，细菌和胞外分泌物聚集处，C、O 等元素含量很高，P、S 元素含量略低但大致相等，腐蚀产物主要由 $Fe_3(PO_4)_2$、$FeO(FeS)$、Fe_2O_3 和 $FeCOOH$ 构成。

(3) 浸泡试验的结果显示添加杀菌剂显著降低了体系的腐蚀速率，异噻唑啉酮的效果优于苯扎溴铵，且添加浓度越高，腐蚀速率越低。添加 30mg/L 和 80mg/L 的异噻唑啉酮分别使浸泡 14d 内的腐蚀速率从 $8.71mg/cm^2$ 减小到 $6.29mg/cm^2$ 和 $4.77mg/cm^2$；添加 30mg/L 和 80mg/L 的苯扎溴铵分别使浸泡 14d 内的腐蚀速率减小到 $6.72mg/cm^2$ 和 $5.22mg/cm^2$。

第9章　含铜管线钢微生物腐蚀防治研究

9.1　引言

微生物对金属腐蚀以及应力腐蚀影响及其在材料表面附着并形成的生物膜密切相关，前面的研究表明，NRB 硝酸盐还原性形成的浓差腐蚀，其在阴极电位下分泌有机酸导致阴极电流增大的影响，包括对热影响区不同组织初始附着的影响均与其生长代谢过程相关。如果细菌繁殖和生物膜形成被抑制或破坏，将减小发生微生物腐蚀和应力腐蚀的概率，因此控制微生物在材料表面的附着和繁殖是控制微生物应力腐蚀的有效途径之一。

目前，防治微生物腐蚀的主要措施为杀菌剂和抗菌涂层，其中杀菌剂的长时间使用会破坏环境并使得细菌产生耐药性，而抗菌涂层因埋地管道环境受限以及可靠性低等因素在土壤环境中也使用较少。研究表明，适量 Cu^+ 的释放可抑制细菌生物膜的形成，对含 Cu – 2205 不锈钢时效处理后的抗菌性进行评估，结果表明：时效处理后释放出更多的 Cu^+，抑制了细菌繁殖，从而显著提升其抗菌性能。Zhao 对正畸所用的含 Cu – 304 不锈钢钢丝在真菌环境中的抗菌效果表明，Cu 具有良好的抑制生物膜形成能力，其潜在应用前景备受关注。另外，适量的 Cu 在增强钢的强度，提高抗疲劳性能，降低氢脆敏感性等方面均有显著影响。此外还需考虑 Cu 的添加含量，Cu 含量过低则对微生物的毒害作用有限，过高则不利于冲击韧性和热加工性能。

含 Cu 钢具备高强、广谱和持久的抗菌性能，大量研究证实其能明显抑制细菌生物膜的形成。含 Cu 抗菌钢是通过释放 Cu^+ 来抑制微生物的附着，以及随之与 EPS 形成生物膜，切断代谢产物产生于胞外电子传递的行为。此外，含 Cu 抗菌钢还可以一定程度抑制浮游微生物的活性，降低周围环境中微生物与金属装备接触的可能性。因此，本章研究了不同 Cu 含量对 X80 管线钢在耐微生物腐蚀性能方面的影响，从而对耐微生物腐蚀含 Cu 管材设计和制备提供数据参考和理论指导。

9.2 研究方法

9.2.1 材料成分和工艺设计

考虑管线钢需要有良好的焊接性能，因此在设计时需考虑影响焊接性能的化学成分。钢中的合金元素有的能提高钢的淬透性，有的能促使形成低熔点物质，这些元素在焊接热循环作用下使焊接接头性能降低，并可导致产生各种缺陷。钢中的碳当量可以初步衡量冷裂纹敏感性的高低，是作为钢焊接性的参考指标。目前应用广泛的碳当量公式是国际焊接学会推荐的公式 CE，该公式主要适用于中、高强度的非调质低合金高强度钢（$\sigma_b = 500 \sim 900\text{MPa}$），设计公式如下：

$$CE = C + \frac{Mn}{6} + \frac{Cr + Mo + V}{5} + \frac{Ni + Cu}{15} \qquad (9-1)$$

式中的元素符号均表示该元素的质量分数（%）。基于上述公式，材料设计结果如表 9-1 所示。表 9-2 所示为通过直读光谱仪测量至少 3 个不同位点的实际成分，与设计值对比可以看出，成分差异不大，均满足设计要求。

表 9-1　含 Cu X80 钢化学成分设计方案　　　　　% (质量分数)

	C	Si	Mn	Cr	Mo	Ni	Cu	Nb	Fe
0Cu	0.05	0.20	1.20	0.25	0.30	0.20	0.00	0.08	其余
0.6Cu	0.05	0.20	1.20	0.25	0.30	0.20	0.60	0.08	其余
1.0Cu	0.05	0.20	1.20	0.25	0.30	0.20	1.00	0.08	其余
2.0Cu	0.05	0.20	1.20	0.25	0.30	0.20	2.00	0.08	其余

表 9-2　含 Cu 元素 X80 钢实际化学成分　　　　　% (质量分数)

	C	Si	Mn	Cr	Mo	Ni	Cu	Nb	Fe
0Cu	0.06	0.15	1.29	0.29	0.29	0.71	0.02	0.13	其余
0.6Cu	0.07	0.22	1.10	0.35	0.28	0.42	0.58	0.17	其余
1.0Cu	0.06	0.20	1.35	0.26	0.29	0.29	1.01	0.13	其余
2.0Cu	0.06	0.25	1.25	0.28	0.28	0.22	1.95	0.14	其余

为了确保 4 种钢能得到铁素体和珠光体或贝氏体为主的微观组织，利用控扎

控冷技术对4种钢坯进行了热处理。首先将钢坯加热至1200℃保温1h已得到均匀组织，然后随炉冷却至1100℃后将钢锭取出开始轧制，分别按照温度和压下量进行：1100℃、37.1%，1000℃、32.7%，850℃、32.4%，800℃、10%，冷却至550℃后水冷至室温。将轧制后的钢板切去头尾及两侧边的圆弧部分，进行500℃，1h的时效处理，并空冷至室温，最后得到本研究所用的材料，具体热处理过程和压下量如图9－1所示。

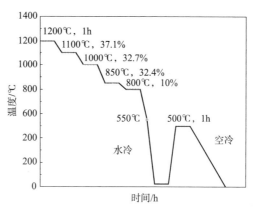

图9－1　试验用钢的热处理和压下量流程示意

9.2.2　材料性能测试

分别对4种钢低温冲击韧性测试，试验采用的设备为冲击试验机 TB50，温度为 -20℃，V 型缺口，平行于轧向取样，冲击试样的具体尺寸及加工要求如

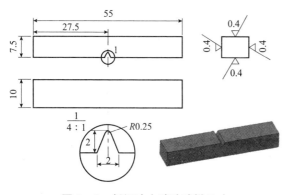

图9－2　低温冲击试验试样尺寸

图9－2所示，除图中标注表面粗糙度要求的表面外，其余的表面粗糙度 Ra 为6.3。

材料的金相观察、试验所用的溶液、浸泡试验、电化学测试、形貌观察、成分分析，以及 SSRT 试验等方法与内容均与前面相同。此外，通过形貌观察对不同含 Cu 钢微观组织进行了精细分析，样品通过电解双喷技术制备，其中双喷溶液组成为90%乙酸 +10%高氯酸(体积分数)，双喷工作电压为20V，双喷温度保持在243K。利用 TECNAI G20 透射电子显微镜(Transmission Electron Microscope，TEM)对样品的形貌和成分分析，加速电压为200kV。

将不同含 Cu 钢材切至10mm×10mm×2mm，砂纸打磨至2000#，经紫外灭菌后，进行浸泡试验。试样在含菌环境中浸泡7d 后取出，使用 0.1mol 的磷酸缓冲液对试样表面进行3次漂洗，去除悬浮于试样表面的细菌及代谢产物，随后在避光的环境中使用活/死染色剂(Thermo Fisher, USA)对试样表面细菌生物膜进行染色15min，再将试样在磷酸缓冲液中漂洗，去除表面多余的染色剂，最后置于共聚焦激光显微镜(Leica TCS SP8)中观察。染色剂中包含的SYTO-9染料可以使活细菌在488nm的波长下呈现绿色荧光(图中用+指示)，PI(碘化丙啶)可以使死细菌在559nm的波长下呈现红色荧光(图中用×指示)。

9.3 试验结果与讨论

9.3.1 材料特征

(1)力学性能

表9-3所示为不同含Cu钢经时效处理后的力学性能。经时效处理后的含Cu钢强度大幅提升，2.0Cu钢的抗拉强度已达到878MPa，但进一步分析，其延伸率呈较大的下降趋势，特别是冲击韧性仅是0Cu钢的22.2%，因此2.0Cu钢不适合作为研究的备选材料。

表9-3 不同Cu含量X80钢的力学性能

	屈服强度/MPa	抗拉强度/MPa	延伸率/%	冲击韧性/J
0Cu	543	612	14.62	152.9
0.6Cu	609	687	12.76	171.1
1.0Cu	629	751	12.45	135.7
2.0Cu	720	878	9.12	34.0

(2)材料微观组织结构

图9-3所示为三种不同Cu含量的X80钢微观组织形貌图。可以看出，三种钢的显微组织均为多边形铁素体和贝氏体，晶粒尺寸不均匀，变化范围为5~15μm，但随着Cu含量增加，晶粒尺寸略有减小，表明在管线钢中添加Cu有利于晶粒细化。图9-4所示为选取0.6Cu和1.0Cu钢微观组织TEM分析。由图9-4(a)可以看出，铁素体的特征是由交错的非平行铁素体条状体组成的，进一步观察未发现有细小的纳米析出相生成，随机选取位置对成分识别显示Fe为主要元素成分，无明显的Cu峰，表明虽然添加了0.6%的Cu在X80钢中，但微量的成分并不足以在材料中明显呈现。对1.0Cu钢观察，如图9-4(b)所示，在

晶界或亚晶界处均匀分散着大量颗粒状析出物，选定该颗粒物区域（直径约 20nm）进行成分识别，结果显示存在明显的 Cu 峰，表明 1.0Cu 钢经时效处理 1h 后可析出纳米尺寸富 Cu 相。

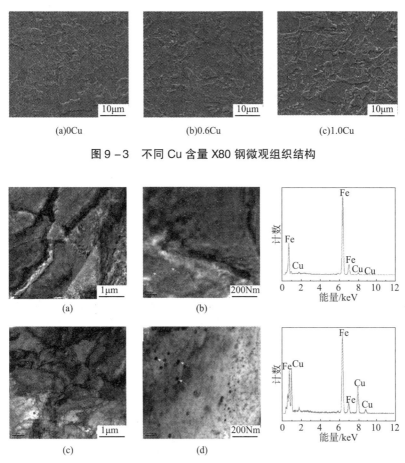

图 9 - 3　不同 Cu 含量 X80 钢微观组织结构

图 9 - 4　不同 Cu 含量 X80 钢 TEM 结果
（a）、（b）0.6Cu，（c）、（d）1.0Cu

9.3.2　电化学行为

不同 Cu 含量 X80 钢在无菌和有菌环境中浸泡不同时间后的测试结果如图 9 - 5 和图 9 - 6 所示。在无菌环境中，不同 Cu 含量钢随着浸泡时间的推移均呈现为较完整的容抗弧，其半径随着不同浸泡时间变化略有减小，这一点从模值中也可以得出，表明在无氧环境中含 Cu 钢的腐蚀速率随时间的影响较小。而在有菌环境中，从 Nyquist 图可以看出，随着浸泡时间的增加，不同 Cu 含量钢的容抗弧半径逐渐增大，表明腐蚀速率逐渐减小，且在相同的频率节点均小于无菌的值，说明其腐蚀速率整体小于无菌的情况。

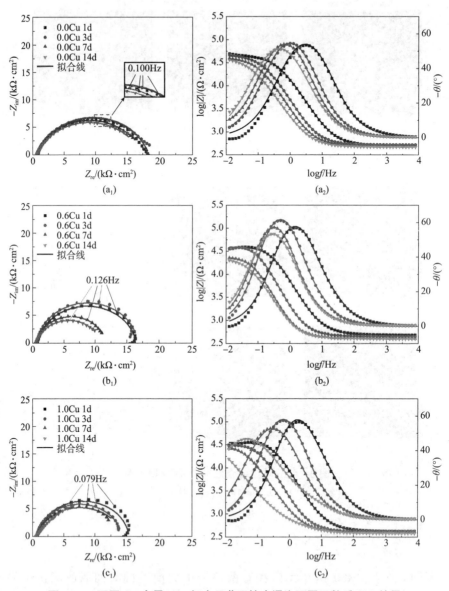

图 9-5　不同 Cu 含量 X80 钢在无菌环境中浸泡不同天数后 EIS 结果

$(a_1、a_2)$ 0Cu, $(b_1、b_2)$ 0.6Cu, $(c_1、c_2)$ 1.0Cu

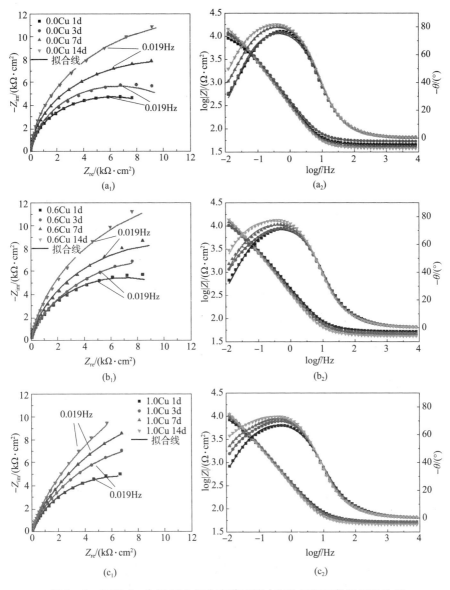

图 9-6 不同 Cu 含量 X80 钢在有菌环境中浸泡不同天数后 EIS 结果

（a_1、a_2）0Cu，（b_1、b_2）0.6Cu，（c_1、c_2）1.0Cu

为了进一步分析细菌对不同 Cu 含量 X80 钢的腐蚀影响，采用图 3-11（b）中的等效电路对上述两种不同环境中的 EIS 进行拟合并作图，见图 9-7。无菌环境中，0Cu 钢的 $R_p + R_{ct}$ 值在 14d 内变化较小，表明腐蚀速率较稳定；0.6Cu 钢的 $R_p + R_{ct}$ 值呈现缓慢上升的趋势，表明随着浸泡时间的增加，其腐蚀速率减小；

管线钢*微生物*腐蚀机理与防护技术

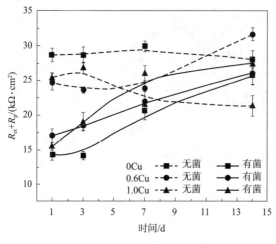

图 9-7 不同 Cu 含量 X80 钢在无菌
和有菌环境中浸泡不同时间的 $R_p + R_{ct}$ 值

1.0Cu 钢的 $R_p + R_{ct}$ 值在 7d 后呈略微下降趋势，表明其腐蚀速率增大。在有菌环境中，三种含 Cu 钢的 $R_p + R_{ct}$ 值均呈增大趋势，表明细菌的变化与腐蚀速率密切相关。分别对比三种含 Cu 钢的 $R_p + R_{ct}$ 值变化，可以发现 0.6Cu 钢和 1.0Cu 钢的值相较 0Cu 钢更大，表明此时腐蚀速率相对较小，这可能与 Cu^+ 对细菌的生长以及生物膜的形成相关。

9.3.3　腐蚀形貌分析

不同 Cu 含量的 X80 钢在有菌环境中浸泡 7d 后的表面形貌以及其对应的截面形貌和元素分布如图 9-8 所示。

图 9-8　不同 Cu 含量 X80 钢在有菌环境中浸泡 7d 后表面形貌
及相应的截面形貌元素分布
（a）0Cu，（b）0.6Cu，（c）1.0Cu

· 156 ·

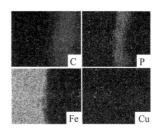

(c_1)　　　　　　　　　(c_2)

**图 9 – 8　不同 Cu 含量 X80 钢在有菌环境中浸泡 7d 后表面形貌
及相应的截面形貌元素分布**

(a) 0Cu，(b) 0.6Cu，(c) 1.0Cu(续)

从试样表面形貌可以看出，大量的细菌覆盖在试样表面，不同 Cu 含量表面的细菌形态之间并无差别，试样表面有簇团的生物膜形成，表明细菌生长代谢良好。从截面形貌可以看出，0Cu 钢的表面有较为明显的局部腐蚀，蚀坑深度约10μm，而随着 Cu 含量的增加，0.6Cu 钢和 1.0Cu 钢表面局部腐蚀坑深度减小，表明 Cu 含量的增加在一定程度上可抑制细菌的腐蚀影响。从截面的元素分布来看，大量的 P 元素分布在表面产物中，这是细菌和生物膜的主要组成元素。最为明显的是 Cu 含量的分布随着设计含量的增多而增多，表明钢中 Cu 含量的变化是影响细菌腐蚀差异的唯一因素。

图 9 – 9 所示为不同含 Cu 量 X80 钢在有菌环境中浸泡 7d 后表面 Cu 元素价态分析。从图 9 – 9(a) 可以看出，在 0Cu 钢表面是未识别出有效的峰值，而随着 Cu 含量的增多，峰的强度越来越明显。其中，0.6Cu 钢由 CuO(933.4eV) 和 Cu_2O(932.8eV) 组成，1.0Cu 钢由 Cu_2O(932.6eV) 组成。结果表明：含 Cu 钢表面会形成 CuO 和 Cu_2O 等 Cu 的氧化物，细菌的存在也并未改变 Cu 的氧化过程。

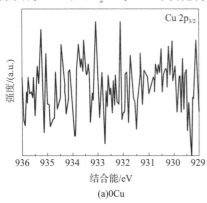
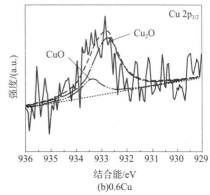

图 9 – 9　不同 Cu 含量 X80 钢在有菌环境中浸泡 7d 后表面 Cu 元素 XPS 分析

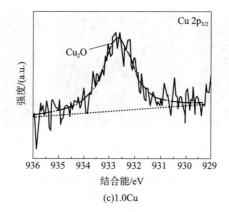

(c)1.0Cu

图 9 – 9　不同 Cu 含量 X80 钢在有菌环境中浸泡 7d 后表面 Cu 元素 XPS 分析(续)

9.3.4　抗菌性能

研究表明，钢中 Cu 含量不仅影响其耐蚀性，同时也对细菌的附着和生长代谢产生影响，为了进一步探究含 Cu 钢对细菌的影响，进行了抗菌试验，结果如图 9 – 10 所示。可以看出，随着浸泡时间的推移，细菌数目由少增多并在第 14d

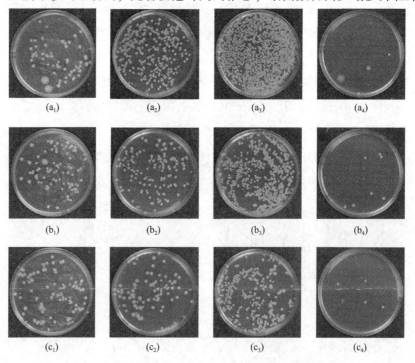

图 9 – 10　NRB 与不同 Cu 含量 X80 钢共培养后的菌落生长图像

（a）0Cu，（b）0.6Cu，（c）1.0Cu 下标 1～4 分别为第 1d、第 3d、第 7d、第 14d(10^5cfu/cm^2)

数量甚少，符合其生长周期规律。分别对比不同 Cu 含量对细菌数目的影响，相比 0Cu 钢，0.6Cu 钢和 1.0Cu 钢在第 3d 有略微的减小，在第 7d 时减少更为明显，表明 Cu 含量的增加对试样表面细菌的附着和生长代谢有明显的影响，即含 Cu 钢具有一定的抗菌性能。

进一步利用活/死染色技术对在钢表面培育 7d 后的细菌活力进行评估，结果如图 9-11 所示。结果表明：在 0Cu 和 0.6Cu 表面既有绿色的细菌，也有红色的细菌，表明既存在活细菌也存在一定数量的死细菌，但相比 0Cu 钢，0.6Cu 钢的死亡细菌更多些。在 1.0Cu 表面仅存在少许绿色细菌，绝大多数为红色的细菌，说明死细菌数目较多。上述差异充分表明在同一环境中，不同 Cu 含量对 X80 钢表面细菌的活/死数目具有一定的影响，且随着 Cu 含量的增多毒害细菌的能力越强。

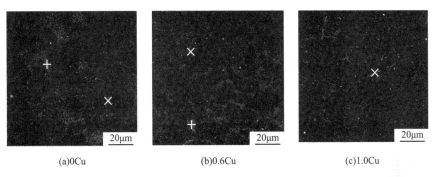

(a)0Cu   (b)0.6Cu   (c)1.0Cu

图 9-11 不同 Cu 含量 X80 钢共培养 7d 后细菌活/死染色对比

9.4 分析与讨论

众所周知，有些金属元素是微生物的必需元素，如 Cu、Zn、Co 和 Mn，但在细胞内的需要量很低，过量的重金属元素可置换正常结合部位上的必需金属元素，从而产生毒害作用。作为一种广泛存在且廉价的材料，Cu 成为抗菌金属材料的理想元素。电化学测试结果表明：在无菌环境中，0.6Cu 钢的腐蚀速率相较其他两种钢更小，表明在无菌的情况下，并非 Cu 含量越多耐蚀性越好。而在有菌的情况下，细菌改变了锈层结构，且在无氧环境中，导致锈层很少。因此，基于无菌环境中 Cu 对锈层的影响理论并不完全适合来评价有菌环境。在有菌环境中，其腐蚀速率在不同程度均高于无菌的情况，尤其是在实验前 7d，表明细菌的存在加速腐蚀进程。进一步对比 Cu 含量的影响可以看出，1.0Cu 钢的腐蚀速率小于其他两种，表明 Cu 含量的增多可对细菌产生毒害作用，减小细菌对腐蚀的影响。试样的产物成分中 Cu_2O 和 CuO 的存在也证实了 Cu 对细菌影响，形成过程见反应式(9–1)~式(9–3)。此外，活/死生物膜染色表明，在 X80 钢中添加 Cu 抑制了细菌生长。这些结果均表明 Cu 抑制细菌生长和繁殖，且含量越高影响越明显。

$$Cu \longrightarrow Cu^{2+} + 2e \tag{9–2}$$

$$Cu^{2+} + H_2O \longrightarrow CuO + 2H^+ \tag{9–3}$$

$$8Cu + 2H_2O + O_2 \longrightarrow 4Cu_2O + 4H^+ + 4e \tag{9–4}$$

然而，关于 Cu 对细菌的抑制影响是非常复杂和多因素的过程。Ren 等研究了 304 型含铜奥氏体抗菌不锈钢，并认为 $\varepsilon – Cu$ 相沉淀是其产生抗菌性的原因。Akhavan 等认为用二氧化硅薄膜在 300℃ 热处理固定的 CuO 纳米颗粒对大肠杆菌表现出很强的抗菌活性。Xia 等认为生物膜的抑制作用是由 2205–Cu 双相不锈钢中富 Cu 相释放的 Cu^+ 引起的，从而有效地缓解了 *P. aeruginosa* 的微生物腐蚀。Nan 等也证实了奥氏体不锈钢中饱和 Cu 导致的富 Cu 相沉淀是杀死细菌的关键因素，而富 Cu 相释放的 Cu^+ 在抗菌效果中起主导作用。本研究对含 Cu 钢进行时效处理后析出了纳米富 Cu 颗粒，这是其产生抗菌效果的关键因素。此外，Cu 的抗菌作用也与其在 Cu^+ 和 Cu^{2+} 之间改变氧化态时得失电子的能力有关，Cu 作为催化剂产生活性氧，可对蛋白质、核酸和脂质等重要细胞成分造成氧化损伤。同时，表面富 Cu 相在环境中大部分被氧化，而在生物膜中通常是与细菌的作用也可将 CuO 还原为金属 Cu，从而破坏生成支链氨基酸所需的细胞质酶，进而使得蛋白质失活。

基于上述实验结果和相关分析，含 Cu 钢的抗菌机理如图 9–12 所示。当含

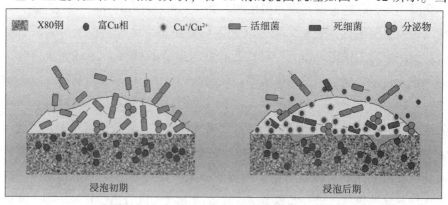

图 9–12 X80 含 Cu 钢耐 NRB 腐蚀机理示意

Cu 钢在有菌环境中时，初期阶段细菌会附着在其表面并形成生物膜，与环境协同使得腐蚀加速，随后富 Cu 相会释放出大量 Cu^+，靠近材料表面的细菌与 Cu^+ 接触并最终抑制其生长直至消亡。同时在 Cu^+ 氧化为 Cu^{2+} 的过程中会对细胞成分产生氧化损伤，从而在灭杀细菌方面也发挥重要的作用。

9.5 小结

（1）Cu 含量的增加有利于管线钢晶粒细化，经时效处理后抗拉强度增大，但随着 Cu 含量达到 2.0% 质量分数后，冲击韧性下降显著。

（2）Cu 纳米析出相对 NRB 的生长代谢具有抑制作用，且随着析出相含量的增多抗菌效率增加，产物成分中 Cu_2O 和 CuO 的存在是抗菌的关键。

（3）随着 Cu 含量的增加，0.6Cu 钢和 1.0Cu 钢表面局部腐蚀坑深度减小，1.0%（质量分数）Cu 钢具有良好的耐微生物腐蚀效果。

参考文献

[1] Moiseeva L S, Kondrova O V. Biocorrosion of oil and gas field equipment and chemical methods for its suppression. I [J]. Prot Met, 2005, 41(4): 385 – 393.

[2] Hou B R, Li X G, Ma X M, et al. The cost of corrosion in China [J]. NPJ Mat Degrad, 2017, 1(1): 4.

[3] Little B J, Blackwood D J, Hinks J, et al. Microbially influenced corrosion: Any progress? [J]. Corros Sci, 2020, 170: 108641.

[4] Li Y C, Xu D K, Chen C F, et al. Anaerobic microbiologically influenced corrosion mechanisms interpreted using bioenergetics and bioelectrochemistry: A review [J]. J Mater Sci Technol, 2018, 34(10): 1713 – 1718.

[5] Wingender J, Flemming H C. Biofilms in drinking water and their role as reservoir for pathogens [J]. Int J Hyg Environ Health, 2011, 214(6): 417 – 423.

[6] 董续成, 管方, 徐利婷, 等. 海洋环境硫酸盐还原菌对金属材料腐蚀机理的研究进展 [J]. 中国腐蚀与防护学报, 2021, 41(1): 1 – 12.

[7] Costerton J W, Stewart Philip S, Greenberg E P. Bacterial biofilms: A common cause of persistent infections [J]. Sci, 1999, 284(5418): 1318 – 1322.

[8] Gaines R H. Bacterial activity as a corrosive influence in the soil [J]. Journal of Industrial & Engineering Chemistry, 1910, 2(4): 128 – 130.

[9] Little B, Wagner P, Mansfeld F. Microbiologically influenced corrosion of metals and alloys [J]. IMRv, 1991, 36(1): 253 – 272.

[10] Kühr C, Vlugt V. The graphitization of cast iron as an electrochemical process in anaerobic soils [J]. Water, 1934, 18: 147 – 165.

[11] King R, Miller J, Smith J. Corrosion of mild steel by iron sulphides[J]. Br Corros J, 1973, 8: 137 – 141.

[12] Xu D K, Gu T Y. Carbon source starvation triggered more aggressive corrosion against carbon steel by the Desulfovibrio vulgaris biofilm [J]. Int Biodeterior Biodegrad, 2014, 91: 74 – 81.

[13] Cogan G, Harro M, Stoodley P, et al. Predictive computer models for biofilm detachment properties in Pseudomonas aeruginosa [J]. mBio, 7(3): e00815 – 00816.

[14] Jang Y, Choi W T, Johnson C T, et al. Inhibition of bacterial adhesion on nanotextured stainless steel 316L by electrochemical etching [J]. ACS Biomaterials Science & Engineering, 2018, 4(1): 90 – 97.

[15] Chepkwony N K, Berne C, Brun Y V, et al. Comparative analysis of ionic strength tolerance between freshwater and marine caulobacterales adhesins [J]. J Bacteriol, 2019, 201(18): e00061 – 19.

[16] Harimawan A, Rajasekar A, Ting Y. Bacteria attachment to surfaces: AFM force spectroscopy

and physicochemical analyses [J]. J Colloid Interface Sci, 2011, 364(1): 213 - 218.

[17] Mcdougald D, Rice S A, Barraud N, et al. Should we stay or should we go: Mechanisms and ecological consequences for biofilm dispersal [J]. Nature Reviews Microbiology, 2012, 10(1): 39 - 50.

[18] Tian F, He X Y, Bai X Q, et al. Electrochemical corrosion behaviors and mechanism of carbon steel in the presence of acid - producing bacterium Citrobacter farmeri in artificial seawater [J]. Int Biodeterior Biodegrad, 2020, 147: 104872.

[19] Chen S S, Rotaru A E, Shrestha P M, et al. Promoting interspecies electron transfer with biochar [J]. Scientific Reports, 2014, 4(1): 5019.

[20] Booth G H, Tiller A K. Cathodic characteristics of mild steel in suspensions of sulphate - reducing bacteria [J]. Corros Sci, 1968, 8: 583 - 600.

[21] Keresztes Z, Felhösi I, Kálmán E. Role of redox properties of biofilms in corrosion processes [J]. Electrochim Acta, 2001, 46: 3841 - 3849.

[22] Da Silva S, Basseguy R, Bergel A. Electron transfer between hydrogenase and 316L stainless steel: Identification of a hydrogenase - catalyzed cathodic reaction in anaerobic MIC [J]. J Electroanal Chem, 2004, 561: 93 - 102.

[23] Gu T Y. New understandings of biocorrosion mechanisms and their classifications [J]. Journal of Microbial & Biochemical Technology, 2012, 4: 1 - 4.

[24] Jia R, Yang D Q, Xu J, et al. Microbiologically influenced corrosion of C1018 carbon steel by nitrate reducing Pseudomonas aeruginosa biofilm under organic carbon starvation [J]. Corros Sci, 2017, 127: 1 - 9.

[25] Beveridge T, Meloche J, Fyfe W, et al. Diagenesis of metals chemically complexed to bacteria: Laboratory formation of metal phosphates, sulfides, and organic condensates in artificial sediments [J]. Appl Environ Microbiol, 1983, 45: 1094 - 1108.

[26] Maurice P A, Warren L A. Introduction to geomicrobiology: Microbial interactions with minerals [J]. CMS Workshop Lectures, 2006, 14: 1 - 35.

[27] Stewart P S, Franklin M J. Physiological heterogeneity in biofilms [J]. Nat Rev Microbiol, 2008, 6(3): 199 - 210.

[28] Gu J D. Corrosion: microbial [M]. Academic Press, 2009: 259 - 269.

[29] Suflita J M, Phelps T J, Little B. Carbon dioxide corrosion and acetate: A hypothesis on the influence of microorganisms [J]. Corrosion, 2008, 64(11): 854 - 859.

[30] Killham K. Interactions between soil particles and microorganisms: Impact on the terrestrial ecosystem [J]. J Environ Qual, 2003, 32: 1572.

[31] Barker W W, Welch S, Chu S, et al. Experimental observations of the effects of bacteria on aluminosilicate weathering [J]. AmMin, 1998, 83: 1551 - 1563.

[32] Qu Q, He Y, Wang L, et al. Corrosion behavior of cold rolled steel in artificial seawater in the presence of Bacillus subtilis C2 [J]. Corros Sci, 2015, 91: 321 - 329.

［33］Sowards J W, Mansfield E. Corrosion of copper and steel alloys in a simulated underground storage – tank sump environment containing acid – producing bacteria［J］. Corros Sci, 2014, 87: 460 – 471.

［34］Sadiki M, Elabed S, Barkai H, et al. The impact of Thymus vulgaris extractives on cedar wood surface energy: Theoretical and experimental of Penicillium spores adhesion［J］. Industrial Crops and Products, 2015, 77: 1020 – 1027.

［35］Landoulsi J, Cooksey K E, Dupres V. Interactions between diatoms and stainless steel: Focus on biofouling and biocorrosion［J］. Biofouling, 2011, 27(10): 1105 – 1124.

［36］Xu D K, Li Y C, Gu T Y. Mechanistic modeling of biocorrosion caused by biofilms of sulfate reducing bacteria and acid producing bacteria［J］. Bioelectrochemistry, 2016, 110: 52 – 58.

［37］Torres C I, Marcus A K, Lee H S, et al. A kinetic perspective on extracellular electron transfer by anode – respiring bacteria［J］. FEMS Microbiol Rev, 2010, 34(1): 3 – 17.

［38］Kato S. Microbial extracellular electron transfer and its relevance to iron corrosion［J］. Microbial Biotechnology, 2016, 9(2): 141 – 148.

［39］Aulenta F, Catervi A, Majone M, et al. Electron transfer from a solid – state electrode assisted by methyl viologen sustains efficient microbial reductive dechlorination of TCE［J］. Environ Sci Technol, 2007, 41(7): 2554 – 2559.

［40］Sherar B W A, Power I M, Keech P G, et al. Characterizing the effect of carbon steel exposure in sulfide containing solutions to microbially induced corrosion［J］. Corros Sci, 2011, 53(3): 955 – 960.

［41］Zhang P Y, Xu D K, Li Y C, et al. Electron mediators accelerate the microbiologically influenced corrosion of 304 stainless steel by the Desulfovibrio vulgaris biofilm［J］. Bioelectrochemistry, 2015, 101: 14 – 21.

［42］Jia R, Yang D Q, Xu D K, et al. Electron transfer mediators accelerated the microbiologically influence corrosion against carbon steel by nitrate reducing Pseudomonas aeruginosa biofilm［J］. Bioelectrochemistry, 2017, 118: 38 – 46.

［43］Tait K, White D A, Kimmance S A, et al. Characterisation of bacteria from the cultures of a Chlorella strain isolated from textile wastewater and their growth enhancing effects on the axenic cultures of Chlorella vulgaris in low nutrient media［J］. Algal Research, 2019, 44: 101666.

［44］Batmanghelich F, Li L, Seo Y. Influence of multispecies biofilms of Pseudomonas aeruginosa and Desulfovibrio vulgaris on the corrosion of cast iron［J］. Corros Sci, 2017, 121: 94 – 104.

［45］Lu L, Liu Q. Synergetic effects of photo – oxidation and biodegradation on failure behavior of polyester coating in tropical rain forest atmosphere［J］. J Mater Sci Technol, 2021, 64: 195 – 202.

［46］Li Y C, Feng S Q, Liu H M, et al. Bacterial distribution in SRB biofilm affects MIC pitting of carbon steel studied using FIB – SEM［J］. Corros Sci, 2020, 167: 108512.

［47］Gupta S K, Shukla P. Gene editing for cell engineering: trends and applications［J］. Crit Rev Biotechnol, 2017, 37(5): 672 – 684.

［48］Hussain I, Aleti G, Naidu R, et al. Microbe and plant assisted – remediation of organic xenobiot-
ics and its enhancement by genetically modified organisms and recombinant technology: A review
［J］. ScTEn, 2018, 628/629: 1582 – 1599.

［49］Dangi A K, Sharma B, Hill R T, et al. Bioremediation through microbes: systems biology and
metabolic engineering approach［J］. Crit Rev Biotechnol, 2019, 39(1): 79 – 98.

［50］Liu K, Hu H, Wang W, et al. Genetic engineering of Pseudomonas chlororaphis GP72 for the en-
hanced production of 2 – Hydroxyphenazine［J］. Microbial Cell Factories, 2016, 15(1): 131.

［51］Huang Y, Zhou E, Jiang C, et al. Endogenous phenazine – 1 – carboxamide encoding gene PhzH
regulated the extracellular electron transfer in biocorrosion of stainless steel by marine Pseudo-
monas aeruginosa［J］. Electrochem Commun, 2018, 94: 9 – 13.

［52］Saunders S H, Tse E C M, Yates M D, et al. Extracellular DNA promotes efficient extracellular
electron transfer by pyocyanin in pseudomonas aeruginosa biofilms［J］. Cell, 2020, 182(4):
919 – 932.

［53］Tang H Y, Holmes Dawn E, Ueki T, et al. Iron Corrosion via direct metal – microbe electron
transfer［J］. mBio, 2019, 10(3): e00303 – e00319.

［54］Morkvenaite – Vilkonciene I, Ramanaviciene A, Kisieliute A, et al. Scanning electrochemical
microscopy in the development of enzymatic sensors and immunosensors［J］. Biosensors Bioelec-
tron, 2019, 141: 111411.

［55］Mureşan L, Nistor M, Gáspár S, et al. Monitoring of glucose and glutamate using enzyme micro-
structures and scanning electrochemical microscopy［J］. Bioelectrochemistry, 2009, 76(1):
81 – 86.

［56］Kim J, Renault C, Nioradze N, et al. Nanometer scale scanning electrochemical microscopy In-
strumentation［J］. AnaCh, 2016, 88(20): 10284 – 10289.

［57］Abodi L C, Gonzalez – Garcia Y, Dolgikh O, et al. Simulated and measured response of oxygen
SECM – measurements in presence of a corrosion process［J］. Electrochim Acta, 2014, 146:
556 – 563.

［58］Huang L, Li Z, Lou Y, et al. Recent advances in scanning electrochemical microscopy for bio-
logical applications［J］. 2018, 11(8): 1389.

［59］Zhang W, Wu H, Hsing I M. Real – time label – free monitoring of shewanella oneidensis MR –
1 biofilm formation on electrode during bacterial electrogenesis using scanning electrochemical mi-
croscopy［J］. Electroanalysis, 2015, 27(3): 648 – 655.

［60］Shi X, Qing W, Marhaba T, et al. Atomic force microscopy – Scanning electrochemical micros-
copy (AFM – SECM) for nanoscale topographical and electrochemical characterization: Princi-
ples, applications and perspectives［J］. Electrochim Acta, 2020, 332: 135472.

［61］Evans S a G, Brakha K, Billon M, et al. Scanning electrochemical microscopy (SECM): Local-
ized glucose oxidase immobilization via the direct electrochemical microspotting of polypyrrole –
biotin films［J］. Electrochem Commun, 2005, 7(2): 135 – 140.

[62] 吕美英, 李振欣, 杜敏, 等. 微生物腐蚀中生物膜的生成、作用与演变 [J]. 表面技术, 2019, 48(11): 59 - 68, 139.

[63] Qian H C, Chang W W, Liu W L, et al. Investigation of microbiologically influenced corrosion inhibition of 304 stainless steel by D - cysteine in the presence of Pseudomonas aeruginosa [J]. Bioelectrochemistry, 2022, 143: 107953.

[64] Sarioğlu F, Javaherdashti R, Aksöz N. Corrosion of a drilling pipe steel in an environment containing sulphate - reducing bacteria [J]. Int J Pressure Vessels Piping, 1997, 73(2): 127 - 131.

[65] Li S Y, Kim Y G, Jeon K S, et al. Microbiologically influenced corrosion of underground pipelines under the disbonded coatings [J]. Metals and Materials, 2000, 6(3): 281 - 286.

[66] Xu J, Wang K, Sun C, et al. The effects of sulfate reducing bacteria on corrosion of carbon steel Q235 under simulated disbonded coating by using electrochemical impedance spectroscopy [J]. Corros Sci, 2011, 53(4): 1554 - 1562.

[67] Wu T Q, Yan M C, Zeng D C, et al. Microbiologically induced corrosion of X80 pipeline steel in a near - neutral pH soil solution [J]. Acta Metallurgica Sinica (English Letters), 2015, 28 (1): 93 - 102.

[68] Zheng B, Li K, Liu H, et al. Effects of magnetic fields on microbiologically influenced corrosion of 304 stainless steel [J]. Industrial & Engineering Chemistry Research, 2013, 53: 48 - 54.

[69] Qian S, Cheng Y F. Corrosion of X52 steel under thin layers of water condensate in wet gas pipelines [J]. J Nat Gas Sci Eng, 2019, 68: 102921.

[70] Lovley D R, Holmes D E. Electromicrobiology: the ecophysiology of phylogenetically diverse electroactive microorganisms [J]. Nat Rev Microbiol, 2022, 20(1): 5 - 19.

[71] Bond Daniel R, Lovley Derek R. Electricity production by geobacter sulfurreducens attached to electrodes [J]. Appl Environ Microbiol, 2003, 69(3): 1548 - 1555.

[72] Gu T, Jia R, Unsal T, et al. Toward a better understanding of microbiologically influenced corrosion caused by sulfate reducing bacteria [J]. J Mater Sci Technol, 2019, 35(4): 631 - 636.

[73] Xu D K, Li Y C, Song F M, et al. Laboratory investigation of microbiologically influenced corrosion of C1018 carbon steel by nitrate reducing bacterium Bacillus licheniformis [J]. Corros Sci, 2013, 77: 385 - 390.

[74] Gu T Y, Wang D, Lekbach Y, et al. Extracellular electron transfer in microbial biocorrosion [J]. Curr Opin Electroche, 2021, 29: 100763.

[75] Liu H W, Cheng Y F. Corrosion of initial pits on abandoned X52 pipeline steel in a simulated soil solution containing sulfate - reducing bacteria [J]. J Mater Res Technol, 2020, 9(4): 7180 - 7189.

[76] Wu J Q, Ding J, Lu J F. Nitrate transport characteristics in the soil and groundwater [J]. Procedia Engineering, 2016, 157: 246 - 254.

[77] Li S L, Li L, Qu Q, et al. Extracellular electron transfer of Bacillus cereus biofilm and its effect on the corrosion behaviour of 316L stainless steel [J]. Colloids Surf B Biointerfaces, 2019, 173:

139 - 147.

[78]Shirband Z, Eadie R L, Chen W, et al. Developing prepitting procedure for near neutral pH stress corrosion crack initiation studies on X52 pipeline steel [J]. Corrosion Engineering, Science and Technology, 2015, 50(3): 196 - 202.

[79]Xue H B, Cheng Y F. Passivity and pitting corrosion of X80 pipeline steel in carbonate/bicarbonate solution studied by electrochemical measurements [J]. J Mater Eng Perform, 2010, 19(9): 1311 - 1317.

[80]Gutman E M. Thermodynamics of the mechanico - chemical effect [J]. Soviet Materials Science, 1967, 3: 293 - 297.

[81]Xu D, Huang W, Ruschau G, et al. Laboratory investigation of MIC threat due to hydrotest using untreated seawater and subsequent exposure to pipeline fluids with and without SRB spiking [J]. Eng Failure Anal, 2013, 28: 149 - 159.

[82]Xu L Y, Cheng Y F. An experimental investigation of corrosion of X100 pipeline steel under uniaxial elastic stress in a near - neutral pH solution [J]. Corros Sci, 2012, 59: 103 - 109.

[83]Wu T, Sun C, Yan M, et al. Sulfate - reducing bacteria - assisted cracking [J]. Corros Rev, 2019.

[84]Wu T Q, Xu J, Yan M C, et al. Synergistic effect of sulfate - reducing bacteria and elastic stress on corrosion of X80 steel in soil solution [J]. Corros Sci, 2014, 83: 38 - 47.

[85]Wu T Q, Xu J, Sun C, et al. Microbiological corrosion of pipeline steel under yield stress in soil environment [J]. Corros Sci, 2014, 88: 291 - 305.

[86]Wu T Q, Yan M C, Zeng D C, et al. Stress corrosion cracking of X80 steel in the presence of sulfate - reducing bacteria [J]. J Mater Sci Technol, 2015, 31(4): 413 - 422.

[87]Xu D, Zhou E, Zhao Y, et al. Enhanced resistance of 2205 Cu - bearing duplex stainless steel towards microbiologically influenced corrosion by marine aerobic Pseudomonas aeruginosa biofilms [J]. J Mater Sci Technol, 2018, 34(8): 1325 - 1336.

[88]Jia R, Wang D, Jin P, et al. Effects of ferrous ion concentration on microbiologically influenced corrosion of carbon steel by sulfate reducing bacterium Desulfovibrio vulgaris [J]. Corros Sci, 2019, 153: 127 - 137.

[89]Lee W, Lewandowski Z, Nielsen P H, et al. Role of sulfate - reducing bacteria in corrosion of mild steel: A review [J]. Biofouling, 1995, 8(3): 165 - 194.

[90]Zhang S, Pang X, Wang Y, et al. Corrosion behavior of steel with different microstructures under various elastic loading conditions [J]. Corros Sci, 2013, 75: 293 - 299.

[91]Orlikowski J, Darowicki K, Arutunow A, et al. The effect of strain rate on the passive layer cracking of 304L stainless steel in chloride solutions based on the differential analysis of electrochemical parameters obtained by means of DEIS [J]. J Electroanal Chem, 2005, 576(2): 277 - 285.

[92]Moshksar M M, Marzban Rad E. Effect of temperature and strain rate on the superplastic behav-

iour of high – carbon steel [J]. J Mater Process Technol, 1998, 83(1): 115 – 120.

[93] Zhang Y H, Maddox S J. Fatigue life prediction for toe ground welded joints [J]. Int J Fatigue, 2009, 31(7): 1124 – 1136.

[94] Parkins R N. Stress corrosion cracking of pipelines in contact with near – neutral pH solutions [R]. United States, 1995.

[95] Casales M, Gonzalez J G, Salinas V M. Effect of microstructure on the stress corrosion cracking of X – 80 pipeline steel in diluted sodium bicarbonate solutions [J]. The Journal of Science and Engineering, 2002, 58(7): 584 – 590.

[96] Liu Z Y, Hao W K, Wu W, et al. Fundamental investigation of stress corrosion cracking of E690 steel in simulated marine thin electrolyte layer [J]. Corros Sci, 2019, 148: 388 – 396.

[97] Wang S D, Lamborn L, Chen W X. Near – neutral pH corrosion and stress corrosion crack initiation of a mill – scaled pipeline steel under the combined effect of oxygen and paint primer [J]. Corros Sci, 2021, 187: 109511.

[98] Wu T Q, Sun C, Yan M C, et al. Sulfate – reducing bacteria assisted cracking [J]. Corros Rev, 2019.

[99] Lv M Y, Chen X C, Li Z X, et al. Effect of sulfate – reducing bacteria on hydrogen permeation and stress corrosion cracking behavior of 980 high – strength steel in seawater [J]. J Mater Sci Technol, 2021, 92: 109 – 119.

[100] Al – Nabulsi K M, Al – Abbas F M, Rizk T Y, et al. Microbiologically assisted stress corrosion cracking in the presence of nitrate reducing bacteria [J]. Eng Failure Anal, 2015, 58: 165 – 172.

[101] Permeh S, Lau K, Tansel B, et al. Surface conditions for microcosm development and proliferation of SRB on steel with cathodic corrosion protection [J]. Construction and Building Materials, 2020, 243: 118209.

[102] Qiao Q, Cheng G X, Wu W, et al. Failure analysis of corrosion at an inhomogeneous welded joint in a natural gas gathering pipeline considering the combined action of multiple factors [J]. Eng Failure Anal, 2016, 64: 126 – 143.

[103] Sahraoui Y, Benamira M, Nahal M, et al. The effect of welded joint repair on a corroded pipeline reliability subjected to the hardness spatial variability and soil aggressiveness [J]. Eng Failure Anal, 2020, 118: 104854.

[104] Mohammadi F, Eliyan F F, Alfantazi A. Corrosion of simulated weld HAZ of API X – 80 pipeline steel [J]. Corros Sci, 2012, 63: 323 – 333.

[105] Ma H C, Zhao J B, Fan Y, et al. Comparative study on corrosion fatigue behaviour of high strength low alloy steel and simulated HAZ microstructures in a simulated marine atmosphere [J]. Int J Fatigue, 2020, 137: 105666.

[106] Zhu J Y, Xu L N, Feng Z C, et al. Galvanic corrosion of a welded joint in 3Cr low alloy pipeline steel [J]. Corros Sci, 2016, 111: 391 – 403.

[107] Wu W, Liu Z Y, Li X G, et al. Influence of different heat – affected zone microstructures on the

stress corrosion behavior and mechanism of high – strength low – alloy steel in a sulfurated marine atmosphere [J]. Mater Sci Eng A, 2019, 759: 124 – 141.

[108] Dao V H, Ryu H K, Yoon K B. Leak failure at the TP316L welds of a water pipe caused by microbiologically influenced corrosion [J]. Eng Failure Anal, 2021, 122: 105244.

[109] Devendranath R K, Dagur A H, Kartha A A, et al. Microstructure, mechanical properties and biocorrosion behavior of dissimilar welds of AISI 904L and UNS S32750 [J]. J Manuf Process, 2017, 30: 27 – 40.

[110] Arun D, Vimala R, Devendranath Ramkumar K. Investigating the microbial – influenced corrosion of UNS S32750 stainless – steel base alloy and weld seams by biofilm – forming marine bacterium Macrococcus equipercicus [J]. Bioelectrochemistry, 2020, 135: 107546.

[111] Liduino V S, Lutterbach M T S, Sérvulo E F C. Biofilm activity on corrosion of API 5L X65 steel weld bead [J]. Colloids Surf B Biointerfaces, 2018, 172: 43 – 50.

[112] Stipaničev M, Rosas O, Basseguy R, et al. Electrochemical and fractographic analysis of microbiologically assisted stress corrosion cracking of carbon steel [J]. Corros Sci, 2014, 80: 60 – 70.

[113] Wei B X, Xu J, Cheng Y F, et al. Effect of uniaxial elastic stress on corrosion of X80 pipeline steel in an acidic soil solution containing sulfate – reducing bacteria trapped under disbonded coating [J]. Corros Sci, 2021, 193: 109893.

[114] Yang X J, Shao J M, Liu Z Y, et al. Stress – assisted microbiologically influenced corrosion mechanism of 2205 duplex stainless steel caused by sulfate – reducing bacteria [J]. Corros Sci, 2020, 173: 108746.

[115] Andrews K W. Empirical formulae for the calculation of some transformation temperatures [J]. Journal of the Iron and steel institute, 1956, 203(7): 721 – 727.

[116] 刘智勇, 李宗书, 湛小琳, 等. X80 钢在鹰潭土壤模拟溶液中应力腐蚀裂纹扩展行为机理 [J]. 金属学报, 2016, 52(8): 965 – 972.

[117] Yang K, Shi J R, Wang L, et al. Bacterial anti – adhesion surface design: Surface patterning, roughness and wettability: A review [J]. J Mater Sci Technol, 2022, 99: 82 – 100.

[118] Chinnaraj S B, Jayathilake P G, Dawson J, et al. Modelling the combined effect of surface roughness and topography on bacterial attachment [J]. J Mater Sci Technol, 2021, 81: 151 – 161.

[119] Javed M A, Neil W C, Stoddart P, et al. Influence of carbon steel grade on the initial attachment of bacteria and microbiologically influenced corrosion [J]. Biofouling, 2016, 32: 109 – 122.

[120] Uneputty A, Dávila A, Garibo D, et al. Strategies applied to modify structured and smooth surfaces: A step closer to reduce bacterial adhesion and biofilm formation [J]. Colloids Interface Sci Commun, 2022, 46: 100560.

[121] Kreve S, Reis A C D. Bacterial adhesion to biomaterials: What regulates this attachment? [J]. Jpn Dent Sci Rev, 2021, 57: 85 – 96.

[122]Moteshakker A, Danaee I. Microstructure and corrosion resistance of dissimilar weld – joints be-tween duplex stainless steel 2205 and austenitic stainless steel 316L [J]. J Mater Sci Technol, 2016, 32(3): 282 –290.

[123]Daughney C J, Fein J B, Yee N. A comparison of the thermodynamics of metal adsorption onto two common bacteria [J]. ChGeo, 1998, 144(3): 161 –176.

[124]Nicolas A, Mello A W, Sangid M D. Relationships between microstructure and micromechanical stresses on local pitting during galvanic corrosion in AA7050 [J]. Corros Sci, 2019, 154: 208 –225.

[125]Kannan P, Kotu S P, Pasman H, et al. A systems – based approach for modeling of microbio-logically influenced corrosion implemented using static and dynamic Bayesian networks [J]. J Loss Prev Process Indust, 2020, 65: 104108.

[126]Méndez H, Colorado D, Hernández M, et al. Neural networks and correlation analysis to im-prove the corrosion prediction of SiO_2 – nanostructured patinated bronze in marine atmospheres [J]. J Electroanal Chem, 2022, 917: 116396.

[127]Zhi Y J, Yang T, Fu D M. An improved deep forest model for forecast the outdoor atmospheric corrosion rate of low – alloy steels [J]. J Mater Sci Technol, 2020, 49: 202 –210.

[128]Pei Z B, Zhang D W, Zhi Y J, et al. Towards understanding and prediction of atmospheric cor-rosion of an Fe/Cu corrosion sensor via machine learning [J]. Corros Sci, 2020, 170: 108697.

[129]Li Q, Xia X J, Pei Z B, et al. Long – term corrosion monitoring of carbon steels and environmental correlation analysis via the random forest method [J]. npj Materials Degradation, 2022, 6(1): 1.

[130]Morizet N, Godin N, Tang J, et al. Classification of acoustic emission signals using wavelets and Random Forests: Application to localized corrosion [J]. MSSP, 2016, 70/71: 1026 –1037.

[131]Zhi Y J, Jin Z H, Lu L, et al. Improving atmospheric corrosion prediction through key environ-mental factor identification by random forest – based model [J]. Corros Sci, 2021, 178: 109084.

[132]裴梓博. 碳钢大气环境腐蚀大数据研究及主要影响因素作用规律 [D]. 北京: 北京科技大学, 2021.

[133]Hoar T P, Scully J C. Mechanochemical anodic dissolution of austenitic stainless steel in hot chloride solution at controlled electrode potential [J]. JElS, 1964, 111(3): 348.

[134]Parkins R N. A review of stress corrosion cracking of high pressure gas pipelines [Z]. Corro-sion. 2000: NACE – 00363

[135]Gu B, Luo J, Mao X. Hydrogen – facilitated anodic dissolution – type stress corrosion cracking of pipeline steels in near – neutral pH solution [J]. Corrosion, 1999, 55(1): 96 –106.

[136]Cheng Y F. Thermodynamically modeling the interactions of hydrogen, stress and anodic dissolu-tion at crack – tip during near – neutral pH SCC in pipelines [J]. JMatS, 2007, 42(8): 2701 –2705.

[137] Chu W Y, Qiao L J, Gao K W. Investigation of stress corrosion cracking under anodic dissolution control [J]. ChSBu, 2001, 9: 717 – 722.

[138] Parkins R N. Current topics in corrosion: Factors influencing stress corrosion crack growth kinetics [J]. Corrosion, 1987, 43(3): 130 – 139.

[139] Badawi A M, Hegazy M A, El – Sawy A A, et al. Novel quaternary ammonium hydroxide cationic surfactants as corrosion inhibitors for carbon steel and as biocides for sulfate reducing bacteria (SRB) [J]. MCP, 2010, 124(1): 458 – 465.

[140] Sheng X, Pehkonen S O, Ting Y P. Biocorrosion of stainless steel 316 in seawater: Inhibition using an azole type derivative [J]. Corrosion Engineering, Science and Technology, 2012, 47 (5): 388 – 393.

[141] Lekbach Y, Li Z, Xu D, et al. Salvia officinalis extract mitigates the microbiologically influenced corrosion of 304L stainless steel by Pseudomonas aeruginosa biofilm [J]. Bioelectrochemistry, 2019, 128: 193 – 203.

[142] Khan M S, Yang C, Pan H, et al. The effect of high temperature aging on the corrosion resistance, mechanical property and antibacterial activity of Cu – 2205 DSS [J]. Colloids Surf B Biointerfaces, 2022, 211: 112309.

[143] Zhao J L, Sun D, Arroussi M, et al. Effect of anodic polarization treatment on microbiologically influenced corrosion resistance of Cu – bearing stainless steel against marine Pseudomonas aeruginosa [J]. Corros Sci, 2022, 207: 110592.

[144] Zhao H Y, Sun Y P, Yin L, et al. Improved corrosion resistance and biofilm inhibition ability of copper – bearing 304 stainless steel against oral microaerobic Streptococcus mutans [J]. J Mater Sci Technol, 2021, 66: 112 – 120.

[145] Zhou W H, Guo H, Xie Z J, et al. Copper precipitation and its impact on mechanical properties in a low carbon microalloyed steel processed by a three – step heat treatment [J]. Mater Design, 2014, 63: 42 – 49.

[146] Yokoi T, Takahashi M, Maruyama N, et al. Cyclic stress response and fatigue behavior of Cu added ferritic steels [J]. JMatS, 2001, 36(24): 5757 – 5765.

[147] Kwon Y J, Lee T, Lee J, et al. Role of Cu on hydrogen embrittlement behavior in Fe – Mn – C – Cu TWIP steel [J]. Int J Hydrogen Energy, 2015, 40(23): 7409 – 7419.

[148] Talas S. The assessment of carbon equivalent formulas in predicting the properties of steel weld metals [J]. Mater Design, 2010, 31(5): 2649 – 2653.

[149] Lou Y T, Dai C D, Chang W W, et al. Microbiologically influenced corrosion of FeCoCrNiMo0.1 high – entropy alloys by marine Pseudomonas aeruginosa [J]. Corros Sci, 2020, 165: 108390.

[150] Bisht N, Dwivedi N, Kumar P, et al. Recent advances in copper and copper – derived materials for antimicrobial resistance and infection control [J]. Current Opinion in Biomedical Engineering, 2022, 24: 100408.

[151] Ren L, Nan L, Yang K. Study of copper precipitation behavior in a Cu - bearing austenitic antibacterial stainless steel [J]. Mater Design, 2011, 32(4): 2374 - 2379.

[152] Akhavan O, Ghaderi E. Cu and CuO nanoparticles immobilized by silica thin films as antibacterial materials and photocatalysts [J]. Surf Coat Technol, 2010, 205(1): 219 - 223.

[153] Xia J, Yang C G, Xu D K, et al. Laboratory investigation of the microbiologically influenced corrosion (MIC) resistance of a novel Cu - bearing 2205 duplex stainless steel in the presence of an aerobic marine Pseudomonas aeruginosa biofilm [J]. Biofouling, 2015, 31(6): 481 - 492.

[154] Nan L, Cheng J L, Yang K. Antibacterial behavior of a Cu - bearing type 200 stainless steel [J]. J Mater Sci Technol, 2012, 28(11): 1067 - 1070.

[155] O'gorman J, Humphreys H. Application of copper to prevent and control infection: Where are we now? [J]. J Hosp Infect, 2012, 81(4): 217 - 223.

[156] Santo C E, Lam E W, Elowsky C G, et al. Bacterial killing by dry metallic copper surfaces [J]. Appl Environ Microbiol, 2011, 77(3): 794 - 802.

[157] Stumper R. 1923. Inorganic chemistry: the corrosion of iron in the presence of iron sulphuret. C. R. Hebd. Seances Acad. Sci. 176: 1316 - 1317.

[158] Von Wolzogen Kuhr C, Van Der Vlught L. The graphitization of cast iron as an electrochemical process in anaerobic soil [J]. Water, 1934, 18(16): 147 - 165.

[159] Starkey, R L & Wight, K M (1945). Anaerobic Corrosion of Iron in Soil. Final report of the American Gas Ass. Iron Corrosion Res. Fellowship, Amer. Gas Ass. New York.

[160] Dinh Thuy Hang. Microbiological study of the anaerobic corrosion of iron [Z]. Mikrobiologische Untersuchungen zur anaeroben Korrosion von Eisen. Universität Bremen Fachbereich 02: Biologie/Chemie (FB 02). 2003.

[161] Gutman E M. Mechanochemistry of materials[M]. Cambridge: Cambridge Interscience Publishing: 1998.

[162] Fang B, Wang J, Xiao S, et al. Stress corrosion cracking of X - 70 pipeline steels by eletropulsing treatment in near - neutral pH solution [J]. Journal of Materials Science, 2005, 40(24): 6545 - 6552.

[163] Fatehi A, Eslami A, Golozar MA, et al. Cathodic Protection under a simulated coating disbondment: effect of sulfate - reducing bacteria[J]. CORROSION, 2019, 75(4): 417 - 423.

[164] Permeh S, Lau K, Duncan M. Effect of crevice morphology on SRB activity and steel corrosion under marine foulers[J]. Bioelectrochemistry, 2021, 142: 107922.

[165] 吴堂清. X80 管线钢硫酸盐还原菌腐蚀开裂机理研究[D]. 北京: 中国科学院, 2015.

[166] 刘波. X80 管线钢硝酸盐还原菌 Bacillus cereus 应力腐蚀行为与机理研究[D]. 北京: 北京科技大学, 2023.

[167] 韦博鑫. 交流电、微生物和应力作用下剥离涂层下 X80 钢腐蚀机理研究[D]. 沈阳: 中国科学技术大学, 2022.